油气输送管线天然气水合物抑制技术

董三宝　著

U0254984

中国石化出版社

内 容 提 要

本书系统讲述了油气集输管线水合物堵塞的形成机制、抑制策略及实践进展。简要介绍了油气集输管线水合物堵塞的防治研究进展，探讨了水合物颗粒聚集作用力模型、防聚剂作用机制及壁面改造对水合物的聚集和壁面沉积过程的影响机制，系统揭示了水合物聚集和壁面黏附对油气集输管线水合物堵塞的促进演化机制，重点阐述了水合物防治理论及发展方向。

图书在版编目(CIP)数据

油气输送管线天然气水合物抑制技术／董三宝著. —
北京：中国石化出版社，2021. 12
ISBN 978-7-5114-6113-1

Ⅰ. ①油… Ⅱ. ①董… Ⅲ. ①油气输送-管道输送-
天然气水合物-防治-研究 Ⅳ. ①TE832

中国版本图书馆 CIP 数据核字(2021)第 252196 号

中国石化出版社出版发行

地址：北京市东城区安定门外大街 58 号
邮编：100011   电话：(010)57512500
发行部电话：(010)57512575
http://www.sinopec-press.com
E-mail：press@sinopec.com
北京柏力行彩印有限公司印刷
全国各地新华书店经销

*

710×1000 毫米 16 开本 9.5 印张 168 千字
2022 年 3 月第 1 版　2022 年 3 月第 1 次印刷
定价：76.00 元

前　　言

2020 年，我国原油对外依存度高达 72.9%，天然气对外依存度达 45.5%，远高于国际石油安全警戒线，能源安全形势严峻。我国南海海域油气资源丰富，其储量约为 $259×10^8t$，占我国油气资源总量的1/3，其中 70% 蕴藏于深水区域，具有广阔的开发前景。我国"十四五"规划中明确提出"要加快深海、深层和非常规油气资源利用，推动油气增储上产"。在能源供需矛盾日益突出及国家政策支持的背景下，对南海深水油气资源的大规模开发势在必行。然而，由于深水环境具有低温、高压等特点，管道内的轻烃组分易与水分子结合生成天然气水合物，极易形成流动障碍。与传统蜡沉积、结垢等问题相比，水合物堵塞具有形成快、难清除的特点，严重影响深水油气的安全、高效开采。在诸多固相堵塞中（水合物、蜡、沥青质及一些矿物垢），水合物堵塞已经成为深水油气流动保障领域亟待解决的问题之一。此外，在采用降压开采水合物藏的过程中，管道和地层中普遍存在水合物的二次生成问题，这也极大限制了水合物藏的高效开发。

完全杜绝水合物生成是天然气水合物防治最根本、最安全的手段。然而，在深水、超深水油气资源开发过程中，由于过冷度高，加之产水不断上升，致使基于完全抑制策略的传统水合物防治方法（如加注热力学抑制剂等）的资本支出大大增加，经济可行性受到严重限制。随着低剂量抑制剂的开发与成功应用，水合物防治策略发生了转变，即从完全抑制策略转向风险管理。风险管理为允许管道中出现天然气水合物，但要保证天然气水合物的出现不会引发管道堵塞，不能影响正常生产运行。

风险管理的关键在于对管道内水合物生成、生长和堵塞机理的准确认知和管控。在水合物管道堵塞机制探索进程中，大型环路测试、釜式反应器、水合物摇摆槽、微观力测量仪、差示扫描量热仪等仪器手段，以及 Gromacs、Materials Studio、Lammps 等分子动力学模拟手段各自发挥了重要作用。大型环路测试对管道堵塞模式的宏观探索与定性认知发挥了关键作用，证实了管道壁面水合物生长和体相水合物颗粒聚集及沉积于壁面是引起水合物管道堵塞的两种基本模式。然而，阐释水合物管道堵塞模式内在的控制机理，实现关键过程的定量描述，仅仅依靠宏观测试难以实现。

油气管道内水合物的聚集和沉积是其受力状况的具体体现，以水合物聚集和沉积过程中涉及的关键作用力为出发点，通过系统的实验探索与理论分析，可从本质上阐明水合物聚集和壁面沉积的控制机理，实现定量描述与评价，这对油气集输管道中水合物生成的风险评估和防治策略的制定意义重大。但是，目前以水合物的微观受力特性为出发点，系统介绍管道内水合物堵塞机理的著作非常少。

由于笔者专业限制，本书侧重于水合物微观力学和化学。本书内容包括油气输送管线水合物堵塞的形成机制、抑制策略及实践进展。简要介绍了油气输送管线水合物堵塞的防治研究进展，探讨了水合物颗粒聚集作用力模型、防聚剂作用机制及壁面改造对水合物的聚集和壁面沉积过程的影响机制，系统揭示了水合物聚集和壁面黏附对油气输送管线水合物堵塞的促进演化机制，重点阐述了水合物防治理论及发展方向。

感谢西安石油大学优秀学术著作出版基金资助出版，感谢陕西省自然科学基础研究计划资助项目(2020JQ-775)和陕西省教育厅陕西高校青年创新团队项目(21JP094)资助，感谢陕西省油气田环境污染控制技术与储层保护重点实验室的大力支持。最后由衷地感谢我的家人，没有他们的默默付出，我也无法全身心地投入到学术研究中并顺利完成该著作。由于笔者学识有限，书中难免有不足之处，敬请读者批评指正。

目　　录

第1章　概述 ……………………………………………………………（ 1 ）

1.1　油气管道内水合物聚集机理研究现状 ……………………………（ 2 ）

1.2　水合物微观受力特性研究现状 ……………………………………（ 5 ）

1.3　水合物抑制剂研究现状 ……………………………………………（ 8 ）

第2章　油气输送管线内水合物微观聚集机理 ………………………（ 24 ）

2.1　微观聚集力测试装置构建 …………………………………………（ 24 ）

2.2　微观聚集力测试装置可靠性分析 …………………………………（ 27 ）

2.3　实验结果与分析 ……………………………………………………（ 30 ）

2.4　考虑液桥固化的水合物微观作用力模型 …………………………（ 33 ）

2.5　考虑水合物分解的水合物微观作用力模型 ………………………（ 40 ）

2.6　本章小结 ……………………………………………………………（ 50 ）

第3章　油气输送管线内水合物聚集防治研究 ………………………（ 53 ）

3.1　防聚剂 AA 对水合物微观作用力的影响 …………………………（ 53 ）

3.2　水合物聚集防治研究 ………………………………………………（ 65 ）

3.3　水合物防聚剂（AA+Span 80）协同性实验研究 …………………（ 91 ）

3.4　水合物防聚剂（AA+Span 80）协同机理研究 ……………………（101）

3.5　本章小结 ……………………………………………………………（104）

第4章　天然气水合物管线壁面沉积机理研究 ………………………（109）

4.1　微观黏聚力测试装置的构建 ………………………………………（109）

4.2　水合物壁面黏附力测试 ……………………………………………（111）

4.3　本章小结 ……………………………………………………………（118）

第 5 章　天然气水合物管线壁面沉积防治研究 ……………………（120）

　5.1　防聚剂对水合物壁面黏附力的影响 ……………………………（120）

　5.2　防聚剂对水合物壁面生长形态的影响 …………………………（125）

　5.3　壁面超疏水改性对水合物沉积的影响 …………………………（133）

　5.4　本章小结 …………………………………………………………（142）

第1章 概　　述

由于深海低温、高压的环境特点，与传统蜡沉积、结垢等问题相比，水合物堵塞(图1-1)具有形成快、难清除的特点，严重影响了深水油气的安全、高效开采。在诸多固相堵塞(水合物、蜡、沥青质及一些矿物垢)中，水合物堵塞已经成为深水油气流动保障领域亟待解决的问题之一。

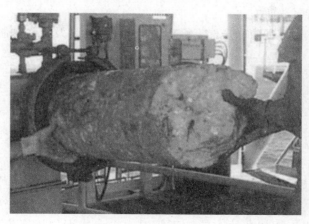

图1-1　油气管道水合物堵塞[1]

针对水合物的防治，可采用的传统措施有注入化学试剂、加隔热保温层、加热和降压等。其中，加注热力学抑制剂(THI)是最主要的办法，加注热力学抑制剂(如甲醇、乙二醇等)可以改变油水体系的热力学平衡条件，使水合物相平衡条件向低温和高压区域移动，以防止水合物的生成。一般情况下，甲醇的加注量占产出水质量的20%以上，在更苛刻条件下，热力学抑制剂的加注量可达产出水量的40%以上；当产出水比例和总量越来越高时，所需的加注量也将会大幅增加，导致其经济性有限。鉴于此，从20世纪90年代开始，人们就开始考虑转变天然气水合物的防治策略，即从完全抑制转为风险管理。所谓风险管理是指允许管道中生成天然气水合物，但保证产出液在水合物生成域内能够正常流动，不影响正常生产。低剂量水合物抑制剂(LDHI)能够保证流体在水合物生成域的持续流动，降低油气管道发生水合物堵塞的风险。低剂量水合物抑制剂的开发基于水

1

合物动力学原理，分为动力学抑制剂（KHI）与防聚剂（AAs）。明确油水体系中水合物的成核、生长、聚集、沉积等动力学过程对于制定有效水合物风险管理策略至关重要。

关于水合物堵塞模型，有 Turner[2] 等提出的油包水体系水合物堵塞模型，还有 Lingelem[3] 等描述的主气相体系堵塞模型及 Joshi[4] 描述的高含水连续相水合物堵塞模型。所有在油气管道中发生的水合物堵塞，水合物颗粒聚集与壁面沉积是其重要的诱因。水合物聚集过程较为复杂，目前对于水合物聚集机理的认识尚无统一定论，相关的实验测试与理论研究还处于探索阶段。水合物壁面沉积分为两种模式：一种是生成于流体体相中的水合物在适合条件下黏附到管壁；另一种是水合物直接在管道内壁上成核生长。大量研究者对水合物与管壁之间的黏附力进行了研究，但水合物与管壁间的作用力受多种复杂因素影响，目前对水合物壁面黏附机制仍有待系统研究。

本章对油气管道内水合物聚集机理、微观受力特性及化学抑制剂的现状进行了综述。

1.1 油气管道内水合物聚集机理研究现状

水合物颗粒相互接触时会产生液桥，产生的液桥力引起水合物颗粒的聚集。水合物聚集是导致油气管道发生水合物堵塞的重要诱因。目前关于多相体系中水合物聚集机理的探索主要是结合实验直观测试与理论模型验证两种方式。

Lingelem[3]、Turner[2] 和 Joshi[4] 等通过实验研究分别提出了气相连续相、油相连续相及水相连续相环境下的油气管道内水合物聚集堵塞模型。Austvik[5]、Fidel-Dufour[6] 和 Camargo[7] 等研究得出油相环境下水合物颗粒间液桥力是导致其聚集的重要诱因。因水合物表面的亲水特性且水合物表面有"似液层"，含有水合物颗粒的油相体系可以看作油包水乳状液体系，水合物颗粒可看作分散的液滴，由于相似相溶规则，水合物颗粒具有相互聚并的特性。当两个水合物颗粒相互接触时即可产生液桥。液桥产生的液桥力（见图 1-2）使颗粒聚集，形成较大的颗粒聚集团簇，引起堵塞。液桥力表达式如下[8]

$$F = \pi R^2 \Delta p \sin\alpha - 2\pi R \gamma_{wo} \sin^2\alpha \sin(\theta - \alpha) \tag{1-1}$$

式中　θ——液桥液体在水合物颗粒表面的接触角，（°）；

　　　α——液桥在水合物颗粒表面的半包络角，（°）；

　　　γ_{wo}——液桥液体与体相液体的界面张力（通常为油水界面张力），mN/m。

式（1-1）中剩余参数如图 1-1 所示，其中 Δp 为液桥弯曲液面引起的内、外拉普拉斯压差，其表达式为[8]：

$$\Delta p = \gamma_{wo}\left(\frac{1}{r} - \frac{1}{l}\right) \tag{1-2}$$

式中，r 和 l 如图 1-2 所示。

Colombel[9] 对多相体系中油包水乳状液中形成水合物聚集的机理进行了总结，认为水合物聚集过程由接触诱导和剪切限制控制，并基于两种控制模式及种群平衡模型，结合水合物聚集体受到的流体动力与黏附力平衡关系，建立了描述水合物颗粒聚集的综合模型。同时，Fidel-Dufour[6]、Camargo[7] 和

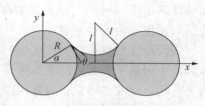

图 1-2　水合物颗粒间液桥力模型[10]

Høiland[10] 等发现水合物表面的润湿性是管道内水合物产生聚集堵塞的重要因素，而亲油性水合物表面有利于降低发生堵塞的风险。此外，Lachance[11]、Delgado-Linares[12] 和 Liu[13] 等人通过实验发现，在油水乳状液体系环境条件下，水合物生成和分解的过程均会引起聚集现象。

在油相环境中，水合物颗粒间的聚集趋势大致可以用液桥力来描述。需要注意的是，水合物颗粒间的聚集趋势亦可用固-固相互作用、水合物生长固结（sintering）等机理描述[14]。大多数研究关注水合物颗粒间液桥力引起的聚集，由液桥力的表达式（1-1）可以看出，影响水合物聚集的因素众多。除了温度、压力等热力学条件影响水合物颗粒聚集行为，水合物表面润湿性、油水界面张力等液-固、液-液等界面特性因素也发挥着重要作用。实际油气管线内共包含 5 类相界面：气-水、液-液、气-固、液-固和固-固。水合物首先在油水或气水等界面处生长，因此水合物的生成、生长、聚集以及沉积等过程可以看作是一个界面演化现象的过程。

1.1.1　表面活性剂对水合物表面特性的作用

油气管道内常伴随着油、气、水等多相成分，随着各种天然活性成分（如原油相中的环烷酸盐、天然醇、酯以及其他有机物质），也伴随着人为加注的表面活性剂（如缓蚀剂、水合物防聚剂、水合物动力学抑制剂、破乳剂、消泡剂等）。因为表面活性剂分子同时含有亲水基团和疏水基团（疏水链通常超过 12 个碳原子）的特点，其优先吸附在石油管道内的各类相界面上，其在界面吸附及自组装形态与表面活性剂的分子结构以及界面物质的原始理化性质密切相关。表面活性剂分子在固体表面的吸附行为与固体表面的原始润湿性相关，而固体表面的润湿性与固体物质的表面能以及极性等特性密切相关。而表面活性剂的自组装行为与

其所带电荷以及分子结构密切相关。在油润湿性固体表面，表面活性剂分子的疏水链则会附着在固体表面，与表面活性剂所带电荷类型无关；而在亲水性固体表面，表面活性剂则通过亲水基团与固体表面间的静电作用或氢键作用等相互作用吸附在固体表面。带负电荷的亲水性固体表面通常会借助静电作用力将阳离子表面活性剂牢牢"抓住"。这种现象在石油开采活动中极为常见，如储层降压增注、地层酸化作业中的管柱缓蚀以及井底泡沫洗井等工艺过程。

表面活性剂对水合物的成核、生长速率以及聚集有着显著的影响。一般认为水溶液中阴离子表面活性剂胶束是水合物成核的位点，因此可以缩短水合物成核诱导时间。在油水体系，表面活性剂在油水界面的吸附会降低水合物晶体的稳定性，导致水合物壳更易坍塌从而增加了水合物气体分子的传质过程的扩散速度，从而增加水合物的生长速率。此外，阴离子表面活性剂也易导致水合物晶体的聚集以及在金属表面的黏附生长。因此，在油气管道内抑制水合物的生长和聚集行为，应该避免引入阴离子型表面活性剂。现有的研究认为具备抑制水合物生长和聚集的表面活性剂大多为非离子和阳离子两种类型，也称为水合物防聚剂（或阻聚剂）。

在油相环境，水合物防聚剂可以稳定吸附在水合物表面，从而增强水合物表面的疏水特性，降低水合物颗粒之间的聚集趋势。在室内条件下，水合物表面的润湿特性通常不易测定，因为测定润湿性（接触角）通常需要制备相对平整光滑的水合物，现有的实验条件较难做到。

1.1.2 表面活性剂对水合物聚集行为的影响

部分表面活性剂由于可以在水合物表面稳定吸附，并改变水合物表面的润湿性，使水合物表面由亲水性变为亲油性，从而降低了水合物在主油相管道中的聚集堵塞风险。易吸附于水合物表面的天然表面活性剂大多为原油中的极性组分，如石油酸性和碱性组分。

Aspenes[15-16]等学者研究发现可以通过改变水合物表面润湿性的原油活性组分，改变原油管道内壁的润湿性，同时也发现酸性组分含量高的原油体系内水合物表面更易呈现亲油特性，因而降低水合物颗粒间的聚集趋势和管道的水合物堵塞风险。此外，Dieker[17]等学者采用微观力测量仪测试发现，在含石油酸组分的原油体系中，环戊烷水合物颗粒较低；而在除去石油酸的原油体系内，环戊烷水合物颗粒间的黏附力有了显著提高；在除去石油酸、沥青质的原油中，环戊烷水合物颗粒间的黏附力出现了进一步提高。这一发现也证实了原油中石油酸等极性组分可在一定程度上抑制水合物颗粒间的聚集行为。通过测试也发现除去石油酸和沥青质后原油-水的界面张力会逐渐升高，这在一定程度上证实了石油酸/沥青

4

质-油水界面张力-水合物颗粒黏附力三者间存在一定关联[18]。此外，已有研究发现，相比于亲水性的管道内壁，亲油性的管道内壁与水合物颗粒之间的黏附力更低。通过上述研究成果可以发现，水合物生成体系的界面特性可以显著影响水合物颗粒的生成、聚集和堵塞行为。

由此可以认为，注入适当的表面活性剂（防聚剂）可以调控水合物生成体系的界面特性，进而影响管道内水合物颗粒间的生长、聚集和堵塞等行为。结合液桥力表达公式，Anklam[19]等学者认为，水合物防聚剂应具备以下三方面特点：一是可以减小油相环境中水合物颗粒的尺寸；二是降低油水界面张力，降低液桥力；三是使水合物表面由亲水性变为亲油性，增加水滴在水合物表面的接触角。

1.2　水合物微观受力特性研究现状

现有的水合物颗粒聚集的抑制能力多采用微观力测量法进行定量表征。水合物微观力测量装置（见图 1-3）最初由科罗拉多矿业大学水合物研究中心（CHR）研发。

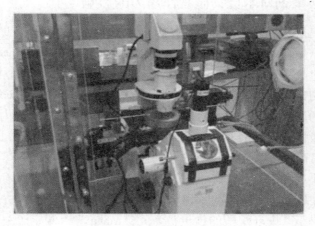

图 1-3　水合物微观力测量仪[20]

水合物颗粒微观作用力的测定主要借助微观机械力设备（Micromechanical Force，MMF），MMF 可以直接测试两个水合物颗粒间的黏附力，直观考察水合物颗粒间的聚集行为。早期阶段 MMF 用来测试两个玻璃球之间的黏附力[21]。现阶段，MMF 可以测试温度、水合物颗粒尺寸和化学添加剂等参数对水合物颗粒间聚集趋势的影响。关于水合物颗粒间的作用力，最早始于 Yang[22]使用 MMF 对四氢呋喃水合物颗粒间作用力的测定。Yang[22]等利用自行研制的 MMF 首次测量了不同温度下四氢呋喃水合物颗粒间的吸附力。Taylor[23]和Dieker[24]进一步发现，在温度保持在冰点以下时可以保证水合物颗粒的刚度，同时也会引起结冰引起的水合物沾染。为避免水结冰影响水合物微观作用力测量，更多的研究人员选择使用环戊烷水合物来研究水合物的微观作用。Dieker[25]测试了过冷度对环戊烷水合物颗粒间作用力的影响，发现作用力在水合物相平衡点附近作用力有所升高。前述Yang[22]和Taylor[26]的研究得出水合物颗粒间的微观作用力可以用液桥毛管力理论来解释，当液桥体积增大时将得到更大的液桥力。

最近，Lee[27]、Wang[28]、Hu[29]等构建了高压微机械力测试装置（耐压10MPa，可模拟真实环境中天然气水合物的生成），并考察了接触时间、老化时间（Annealing time）、气相压力等因素对CH_4/C_2H_6水合物颗粒内聚力的影响。Hu[29]还考察了液烃环境下CH_4/C_2H_6水合物颗粒的微观聚集行为。总体来说，高压环境下水合物实验存在一定的安全隐患，以环戊烷水合物、二氧化碳水合物、四氢呋喃水合物等作为研究对象的实验操作简便可行，目前仍在室内研究中占据重要地位。

1.2.1 防聚剂对水合物微观作用力的影响

水合物聚集从本质上来说是由各种界面行为作用的结果，因此界面活性物质对水合物微观聚集行为具有显著的影响。防聚剂本质上不改变流体体相的热力学参数，而是通过改变水合物体系的界面。

Dieker[25]测试了环戊烷体系中少量原油（<8%，质量分数）对环戊烷水合物颗粒间黏附力的影响，发现原油的加入可以减小水合物颗粒间的内聚力；而加入除去沥青质等极性组分后的原油，水合物颗粒的吸附力呈现增长趋势。据此，该作者认为含有高浓度酸和沥青质的原油体系具有一定程度的水合物防聚能力。Aman等人对环戊烷水合物颗粒间的作用力开展了比较系统的研究工作。Aman[30]也发现少量原油可以降低环戊烷水合物颗粒间的黏附力，而原油的降黏附能力主要取决于其中环烷酸的含量；为此，Aman[31-32]测定了一系列的带稠环芳烃基团的羧酸对环戊烷水合物颗粒间黏附力的影响，发现这些羧酸活性物主要通过降低油水界面张力来降低水合物颗粒间的毛细液桥力；最有效的羧酸为含有4个芳环的稠环羧酸，可将水合物黏附力降低87μN（上下浮动9%）左右；此外，羧酸活性物也能显著改变水合物表面的润湿性，使水合物表面由亲水性向亲油性转变，疏水性的水合物表面可一定程度降低水合物的聚集趋势。

以上研究主要基于原油体系中的天然活性物质开展，更多的学者开始考察外加的各种界面活性物质对水合物颗粒间黏附力的影响。2014年至今，相关研究人员利用微机械力测试装置，研究了十二烷基苯磺酸钠[33]、Tween 80[33]、季铵盐类防聚剂[34]、失水山梨醇酯（Span 80）[35]、椰子油酰胺丙基二甲胺（Cocamidopropyl dimethylamine，见图 1-4）[29]等表面活性剂对环戊烷水合物颗粒与液滴间的作用力的影响规律。这些表面活性剂都可以降低环戊烷水合物颗粒间的黏附力，部分活性剂可使黏附力降低幅度高于 90%[34]，同时也可以有效增强水合物表面的疏水特性。总的来说，这些研究扩展了人们对水合物防聚剂微观作用机理的认识。目前最大的问题是环保性和高效性难以同时满足。椰子油酰胺丙基二甲胺（见图 1-4）具有绿色环保以及能在高含水条件下有效工作等优势，并引起了较大的关注。

图 1-4　椰子油酸酰胺丙基二甲胺（AA）

1.2.2　热力学抑制剂对水合物微观作用力的影响

热力学抑制剂通过改变水合物的相平衡条件来抑制管道内的水合物生成。热力学抑制剂对水合物颗粒间黏附力的影响研究亦有报道，Lee[36,37]等借助微观力测量仪探索了甲醇、乙醇、乙二醇、NaCl 等热力学抑制剂对水合物颗粒间黏附力的影响规律。其研究发现，在油相环境中，热力学抑制剂会升高水合物颗粒间的黏附力，主要原因在于热力学抑制剂降低了水合物的转化率，因此也增加了水合物表面自由水和液桥的体积，增加了水合物颗粒间的黏附力；同时，热力学抑制剂的存在也显著改变了水合物的形貌，并亦可升高水合物颗粒间的黏附力（见图 1-5）。

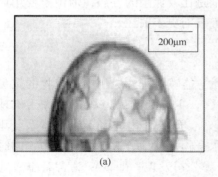
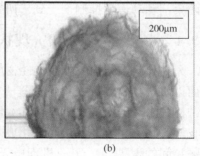

图 1-5　热力学抑制剂对水合物形貌的影响

需要注意的是，大多数的研究倾向于认为无机盐的存在可以降低水合物颗粒间的黏附力[38-44]。Hu[45]、王盛龙[46]等学者研究了 NaCl 对气相环境中甲烷水合物颗粒间黏附力的影响，发现在相同过冷度条件下 NaCl 可降低水合物颗粒间的黏附力；而在 NaCl 浓度高于 3.5%时，黏附力没有进一步降低。科罗拉多矿业学院的 Hu[47]等学者借助微观力测量仪探索了 NaCl 对部分水合物防聚剂的影响规律，发现 NaCl 可以增加部分防聚剂的防聚效果。究其原因，可能是因为在油相环境中，无机盐离子均存在于水合物表面的似液层，并与吸附在水合物表面的防聚剂形成离子对，从而减小了防聚剂分子头基之间的斥力，使防聚剂吸附层更加致密（见图1-6），从而更有效降低了水合物颗粒之间的聚集趋势。

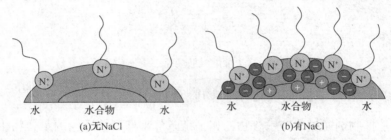

(a)无NaCl　　　　　　　　　　(b)有NaCl

图1-6　无机盐对防聚剂分子在水合物表面吸附行为的影响

1.3　水合物抑制剂研究现状

相比降压法、机械法、热力学法等方法，注入化学抑制剂是工艺较为简单的管道内水合物防治方法。当前，水合物抑制剂主要集中在热力学抑制剂、动力学抑制剂以及防聚剂上。尽管热力学抑制剂是比较保险的方法，但由于使用成本等限制，防聚剂和动力学抑制剂受到了研究者的更多关注。

1.3.1　水合物防聚剂研究现状

AAs 为具有双亲结构的界面活性物质，能够阻止液烃相中水合物的聚集与沉积，从而以水合物浆液形式持续输送[48-49]。主流观点认为 AAs 的作用机理有两种：一种机理由法国石油研究所（IFP）提出，即由乳化剂型 AAs 将体系乳化成油包水乳状液，将水相分散，水滴转化成水合物后就地分散在液烃相中，同时阻止水合物颗粒间的聚集[50]；另一机理由壳牌公司发现，即 AAs 为含有季铵等亲水合物官能团的表面活性剂，通过氢键或静电引力附着于水合物表面，扰乱并延缓水合物的生长速率，同时使水合物表面更亲油而分散于液烃相中[51]。防聚剂可分为传统表面活性剂、聚合物及天然活性物等几大类，其中表面活性剂按亲水基的不同，分为阴离子型、阳离子型、两性型及非离子型。近年来，随着国内外深水及远海油气资源的勘探与开发，研究者越来越重视耐高过冷度的 AAs，对 AAs 的研究也取得了长足的进展。

1. 传统阴离子型

阴离子型表面活性剂 AAs 为基于乳化理论而开发，常见的阴离子型防聚剂主要为磺酸盐类。20 世纪 90 年代，壳牌公司的 Muijs[52] 等发现，在加量为 0.1%~3% 时，烷基苯磺酸盐具有一定的防聚性能，在添加有烷基苯磺酸盐的体系生成水合物晶体后仍可以保持流动，不发生堵塞。就防聚性能来说，烷基苯磺酸盐性能一般。Kelland[53] 等实验发现烷基磺酸盐、烷基硫酸酯盐、烷基磷酸酯盐等阴离子表面活性剂的水合物防聚性能较差。Chua[54] 等研究发现，阴离子表面活性剂，例如十二烷基硫酸钠（SDS），也可以作为部分季铵盐阳离子 AAs 的协同剂使用。

2. 传统阳离子型

阳离子型 AAs 以季铵盐研究最多，其作为水合物 AAs 应用于油气生产领域已有 30 余年[55]。目前，实现商业化生产的表面活性剂类水合物抑制剂主要为季铵盐型[56]。

壳牌公司在季铵盐型水合物防聚剂的开发上比较深入。早在 1995 年即申请了一系列的带有 3 个烷基或四个烷基的季铵盐，季磷盐等物质作为轻质油和水流动体系的水合物生成和聚集抑制剂的专利[57]。据公开的专利中介绍，加入 0.5% 的季铵盐或季磷盐能使四氢呋喃水合物由原本的规则六角形畸变为脆弱的片层状，对水合物生长抑制性比较明显；在油水界面季铵盐能够使周围的水分子团簇结构发生改变，此变化可进一步提升其抑制性能。另外，防聚剂分子的极性基团会吸附在管道内壁上，使管道内壁形成疏水结构，减缓水合物在管壁上沉积，进而降低堵塞风险。针对其他种类气体水合物防聚，壳牌公司于 2006 年研发了水溶性较强的单尾季铵盐防聚剂和油溶性较强的双尾季铵盐，这些季铵盐适应的过冷度可以超过 20℃。这些单尾季铵盐最大的缺陷是有较高的生物毒性，且难以生物降解，因此，这极大限制了其应用[58-59]。壳牌公司研究者进一步深入研究发现，二丁基二辛基溴化铵可以将水合物颗粒分散成微小的颗粒，有效地防止其聚集。壳牌公司研究者开发了二-丁基-二-椰油酸异丙醇酯基溴化铵，可以有效预防油气管道发生水合物堵塞，能够保证水合物管道暂停后重启，同时能够降低水合物生成温度。总的来说，季铵盐类防聚剂防聚效果较好，也在部分现场得到了应用[60]（见图 1-7）。

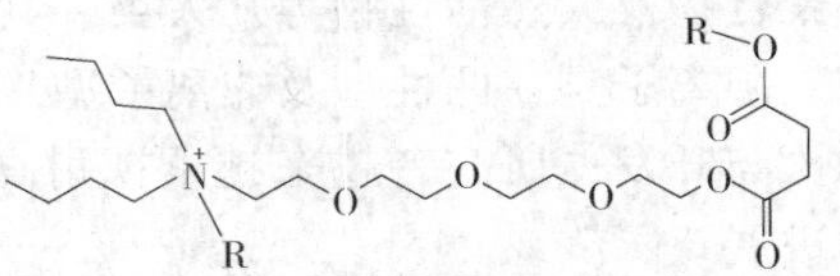

图 1-7　醚酯类季铵盐防聚剂

至 21 世纪初，在所开发的防聚剂中，带有两个(或三个)丁基(或戊基)的季铵盐类表面活性剂是性能最好的，高的生物毒性是其最大的应用障碍，因此对其改性，使其低毒性化是重要的研究方向。River 等[61]研究发现，一些阴离子聚合物，如聚羧酸、聚磺酸、聚膦酸、聚磷酸等加入季铵盐水溶液可以降低季铵盐的生物毒性。此外，将醚[62]、酯(见图 1-7)[62-63]、甜菜碱[65]及酰胺[66]等官能团引入季铵盐分子结构中，能够提高分子在水中的分散性，但是在高过冷度时防聚性能逊色于季铵盐 AAs。

3. 传统非离子型

相对于季铵盐类防聚剂，非离子型表面活性剂类防聚剂对环境更友好，且防聚性能受水相盐度影响较小[67]。

20 世纪 80 年代，IFP 开发了一系列两亲化合物，并测试其水合物防聚性能。经筛选，发现含有酰胺基团的两亲化合物防聚性能最高，代表性防聚剂如椰油酸二乙醇酰胺，其在浓度为 0.25%(质量浓度)，过冷度为 17.5℃时依旧保持良好的水合物防聚性能[68-70]。

Span 类物质作为天然的脂肪酸类或失水山梨醇类商业化表面活性剂，也吸引了研究人员的注意。2001 年，科罗拉多矿业学院的 Sloan[70]等研究了几种 Span 类商业品及几种合成类表面活性剂对水合物颗粒在轻质油(辛烷)和水混合相中的分散能力，Span 类(Span 20、Span 40、Span 60 及 Span 80)加量为 3%，在低过冷度(11.5℃)时防聚效果较好，但在高过冷度条件下性能下降。2013 年，陈光进和孙长宇[71]课题组对 Span、Tween、AEO 等多系列的防聚剂也有较深入的研究。经其实验发现，在高压反应釜的柴油/水体系中 AEO-3 系列的表面活性剂与 Span 20 具有较好的协同作用，当混合体系为[30%水+70%柴油(体积分数)]+[3% AEO-3+2% Span 20(质量分数)]时，天然气水合物呈现细腻的浆状物。

4. 传统两性型

两性表面活性剂分子结构特殊，带有正电荷与负电荷中心，在低 pH 值环境下表现出阳离子特性，而处于高 pH 值环境时表现出阴离子特性，大部分两性表面活性剂对皮肤和眼睛刺激性较小[72]，且对环境友好，因此也被应用于水合物领域的研究，早期相关学者更多研究其水合物抑制性能[73]。据已有文献，被应用于室内水合物防聚研究的主要分为磺基甜菜碱[73-75]和羧基甜菜碱[65]。相关研究发现，甜菜碱表面活性剂亲水头基可以牢固吸附在四氢呋喃水合物表面。甜菜碱类 Aas 的水合物防聚能力逊于商业季铵盐 AAs(见图 1-8)。

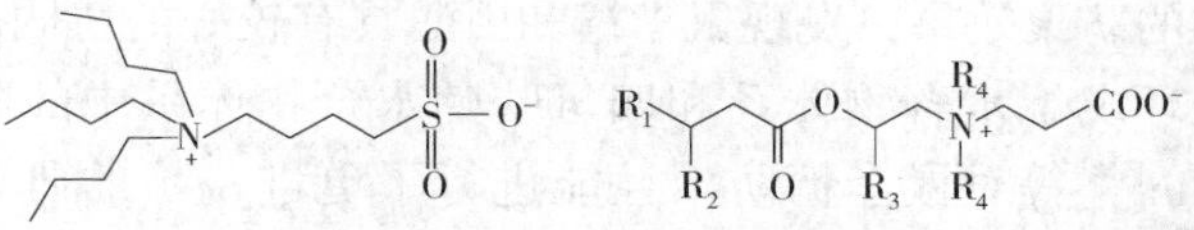

图 1-8 两性表面活性剂类防聚剂

5. 传统聚合物型

聚合物类 AAs 的开发主要基于乳化防聚理论。20 世纪 80 年代，Conoco 公司研究发现部分聚合物如聚丙烯酰胺、聚丙烯酸酯等能够抑制水合物聚集，但是所需添加的浓度较高，因此经济可行性受到一定限制[76]。20 世纪 90 年代以来，壳牌、IFP 及 BJ Unichem 等公司相继开发了烷基聚苷、聚醚等聚合物 AAs，但是效果一般[77-81](见图 1-9)。

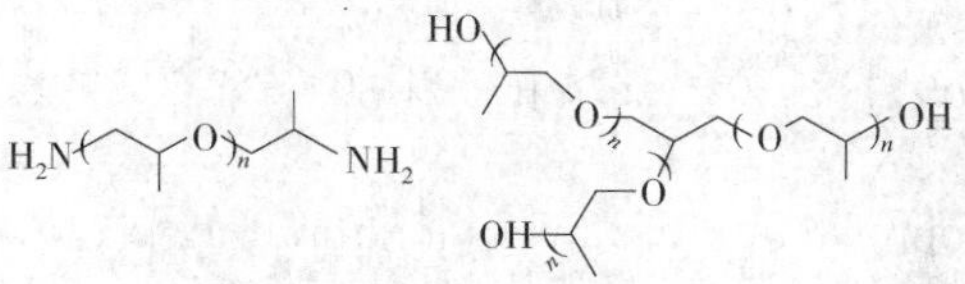

图 1-9 聚合物类水合物防聚剂

2009 年，Kelland 发现聚胺聚氧丙烯醚(见图 1-10)具有良好的水合物分散性能，相对分子质量为 6000~7000 的聚胺聚氧丙烯醚在浓度为 5000ppm(1ppm = 10^{-6})时，可在过冷度为 13℃时有效阻止水合物聚集。同时，Kelland 认为聚氧丙烯醚类大分子不溶于水相及液烃相，因此在两相界面处形成一层隔膜，将分散相水滴包被，阻止水滴及其转化成的水合物颗粒发生聚集[53]。

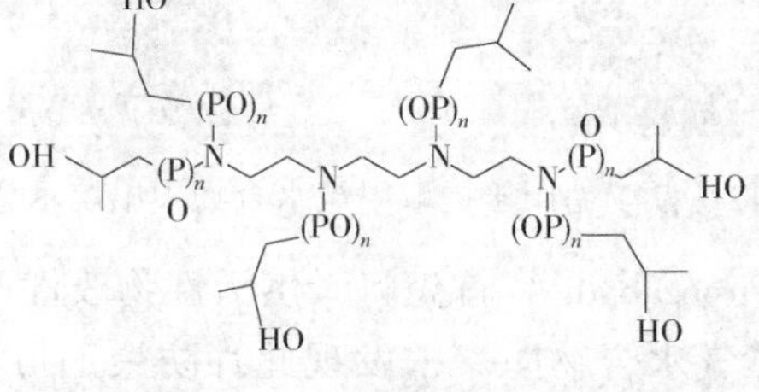

图 1-10 三乙烯四胺聚氧丙烯醚(TETA-PPGs)

6. 新型防聚剂

如今，生物表面活性剂类防聚剂因其优异的环保特性而受到研究人员的极大关注。2008 年，York 与 Firoozabadi[82]对鼠李糖(Rhamnolipid，见图 1-11)的水合物防聚性能进行了探索，发现当加入量为 0.05%时，鼠李糖可以有效分散四氢呋喃水合物。2010 年，Li[83]等人通过 Rocking Cell 等设备测定了鼠李糖对四氢呋喃和环戊烷水合物的防聚效果，发现鼠李糖和甲醇具有较好的协同效应。同时，也发现，鼠李糖在环戊烷水合物体系和四氢呋喃水合物体系中的防聚效果比较接近。2012 年，Sun[84]等对鼠李糖防聚性能进行了更进一步的研究，发现在环戊烷/四氢呋喃水合物体系中，适当碳链长度的低分子醇(如异丙醇)与鼠李糖之间有较好的协同效应和防聚效果。2018 年，国内的李小森[85]等学者研究了鼠李糖对甲烷水合物的防聚效果，实验发现 0.5%含量的鼠李糖对甲烷水合物具有较好的防聚效果，同时也增大了水合物晶体中大笼腔与小笼腔的数量比，使水合物晶体表面变得更加光滑。需要注意的是，在部分研究中鼠李糖可以大大促进水合物的生长速率，并作为水合物生长促进剂[86]以及从甲烷水合物中提取甲烷的置换剂[87](见图 1-12)。

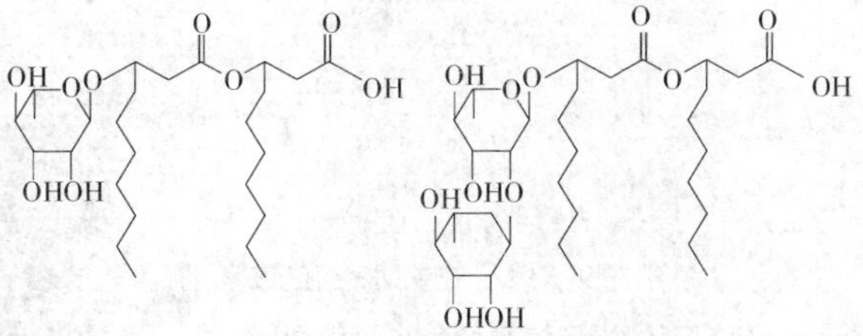

图 1-11　鼠李糖生物表面活性剂

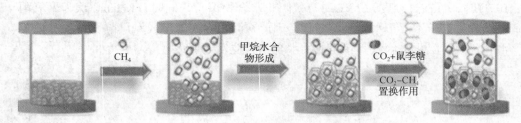

图 1-12　鼠李糖用于提取甲烷水合物中甲烷示意图[87]

2013 年，Sun 和 Firoozabadi[88]首先将天然活性物改性产品——椰子油酸酰胺丙基二甲胺应用于天然气水合物防聚，发现此种防聚剂可以在含水率为 100%条件下有效防止水合物聚集，也是目前唯一报道的有此性能的防聚剂。Zhao[89]及 Dong[90-91]等对防聚剂进行了深入研究发现，高压(10MPa)环境下，在油水体系中 AA 与 NaCl 及其他活性剂(Span 80)有较好的协同效应。2018 年，Jimenez-

Angeles 和 Firoozabadi 经过分子动力学模拟发现，在水环境体系中 NaCl 可以促进 AA 分子在水合物表面的吸附，从而在微观角度解释了 NaCl/AA 体系的协同机理[92]。

2017 年，陈光进和孙长宇[93]课题组在对一种植物提取物的水合物防聚性能进行了实验后发现，此植物提取物能够有效保持水合物浆液的稳定状态。此外，另一植物提取物与 Span 20[94]、季铵盐[95]等防聚剂的协同作用也得到了深入研究。

1.3.2 水合物动力学抑制剂研究现状

水合物动力学抑制剂主要为低相对分子质量的水溶性聚合物，这些聚合物的水溶性则是由于酰胺等基团的存在，而其与水合物表面相互作用的形式大多为氢键，此外作用基团的尺寸、无机盐离子等因素亦对抑制效果产生影响。水合物动力学抑制剂可以延长水合物生成诱导期，同时亦可以延缓水合物晶体的生长速率，使管输流体保持流动状态。在实际应用中，动力学抑制剂常与协同剂复配使用，如一定分子尺寸的醇等。

当前，公认的水合物动力学抑制剂有聚乙烯吡咯烷酮（PVP）、聚乙烯己内酰胺（PVCap）等，其分子结构如图 1-13 所示。有学者[96]对 PVP 在水合物表面的作用方式进行分子动力学模拟发现，PVP 分子与水合物之间的相互作用主要为通过酰胺基团中的氧原子与水合物表面形成的氢键，以及五元环与水合物表面的范德华力。通过这两种作用力，PVP 分子可以有效抑制水合物晶体的生长行为。此外，亦有分子动力学模拟结果[97]认为，五元环上的氧原子可与两个水分子形成氢键，通过这种方式 PVP 可以吸附到水合物表面，而五元环因为特定的尺寸可以成为水合物晶体的一部分，达到扰乱和抑制水合物生长的目的。需要指出的是，PVP 分子在水合物表面的吸附行为符合 Langmuir 等温吸附模型以及多分子层吸附模型（BET-Type）[98]；同时，也不应过多强调五元环类动力学抑制剂的尺寸效应，因为七元环类动力学抑制剂（PVCap）亦表现出优秀的抑制性能。

以 PVP 和 PVCap 为基础，科罗拉多矿业学院水合物研究中心（CHR）的研究者开发出来三元共聚型水合物动力学抑制剂（见图 1-14），其性能超过了 Poly（VP-VC）二元共聚型动力学抑制剂。VC-713 这种三元共聚物综合了 PVP 和 PVCap 的优点，引入了甲基丙烯酸二甲氨基乙酯（DMAEMA）这一共聚单元，其对水合物的抑制能力与 PVCap 类似，在过冷度 8~9℃条件下可使水合物生成诱导期延长到 24h[99-100]。

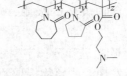

图 1-13　PVP 和 PVCap 分子结构　　　图 1-14　VC-713 分子结构

除了上述单体，VP 和 VCap 单元还可以与 N-甲基-N-乙烯基乙酰胺（N-methyl-N-vinylacetamide（VIMA））、N-异丙基丙烯酰胺（N-iso-propylacrylamide）、N-异丙基甲基丙烯酰胺（N-iso-propylmethacrylamide）、丙烯酰-吡咯烷（acryloyl-pyrrolidine）等[101-107]非环状共聚单元组成新型共聚物类动力学抑制剂，部分共聚动力学抑制剂结构（见图 1-15）。Anderson 等[108]学者通过分子动力学手段分析了水相环境内系列动力学抑制剂在水合物表面的结合自由能，证实了结合自由能与水合物动力学的作用效果之间存在很好的对应关系。这些共聚物的单体无法表现出较好的抑制性，提高动力学抑制剂的相对分子质量可提高其抑制效果，究其原因可能是大分子抑制剂分子之间存在更强的空间斥力，因此，更有利于抑制剂分子之间的高效协同[109-110]。此外，需要注意的是高低相对分子质量的动力学抑制剂复配使用时可表现出更高的抑制效果，例如商业化的 PVCap 产品常为高低相对分子质量的聚合物混合体系。梁德青教授课题组研究发现，若 PVCap 聚合物链的末端为羟基，则可进一步提高 PVCap 的抑制效果[111]。商用动力学抑制剂的浊点是一个不可忽视的因素，因为在低于浊点温度的一定温度范围内，动力学抑制剂可表现出更高的抑制性。

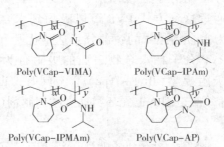

图 1-15　部分共聚类动力学抑制剂

尽管以 PVCap 为代表的水合物动力学抑制剂已经表现出较好的抑制性能，但未来仍需考虑研发出具有更高生物降解性、更高浊点以及更高矿化度耐受性的水合物动力学抑制剂。部分研发出来的具有代表性的新型动力学抑制剂如图 1-16

所示，这些动力学抑制剂的一个显著特征是通过引入酯、羟基、醚等官能团[112-113]，提高了聚合物分子的环保特性和可生物降解性。

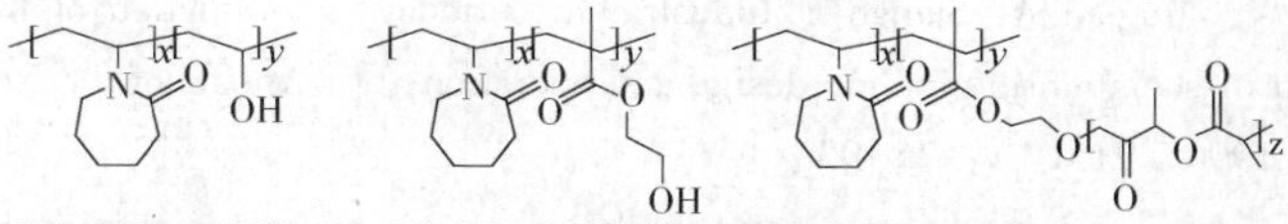

Poly(VCap－VOH)　　　Poly(VCap－HEMA)　　　Poly(VCap－HEMA－lactide)

图1-16　部分高生物降解性共聚类动力学抑制剂

具有水合物抑制和缓蚀双功能的聚合物的研发得到了较大关注，如图1-17中的 Poly(VCap－PA)，这一聚合物含有水合物抑制功能的七元己内酰胺环，亦有具有缓蚀能力的磷酸酯基团[114]；另一类具有较高矿化度耐受特性以及高浊点的动力学抑制剂也得到了较大关注，如图1-17中的 Poly(VCap－VP－AMPS)，这一聚合物含有水合物抑制功能的七元己内酰胺环和五元吡咯烷酮，亦有具有较高浊点和耐盐特性的磺酸基团[115]。

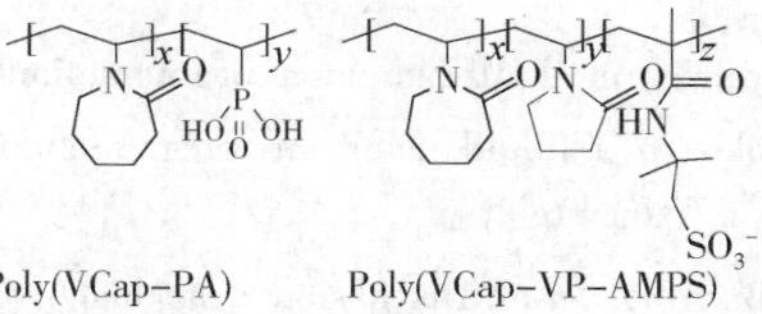

Poly(VCap－PA)　　　Poly(VCap－VP－AMPS)

图1-17　部分高缓蚀特性和矿化度耐受特性的动力学抑制剂

源于对深海生物体内抗冻蛋白(见图1-18)的启发，部分学者通过水合物生成和微观形貌观察实验证实了抗冻蛋白具有吸附水合物晶核的能力，并能在一定温度范围内抑制水合物的生长[117-119]。各类分析手段(如 DSC 和 Raman 等)已经证明抗冻蛋白与水分子之间存在交互作用。抗冻蛋白具有较多的优点，如抑制效果比 PVP 好、降低水合物生成的记忆效应等。

DTASD**A**AAA**A**ALT**A**AN**A**KA**A**AELT**A**AN**A**AA**A**AAATAR

图1-18　比目鱼抗冻蛋白结构[116]

参 考 文 献

[1] Rojas Y, Lou X. Instrumental analysis of gas hydrates properties[J]. Asia－Pacific Journal of Chemical Engineering, 2010, 5(2)：310-323.

［2］Turner D J. Clathrate hydrate formation in water-in-oil dispersions［D］. Golden: Colorado School of Mines, 2004.

［3］Lingelem M N, Majeed AI. Stange E. Industrial experience in evaluation of hydrate formation, inhibition and dissociation in pipeline design and operation［J］. Annals of the New York Academy of Sciences, 1994, 715(1): 75-93.

［4］Joshi A K. Experimental investigation and modeling of gas hydrate formation in high water cut producing oil pipelines［D］. Golden: Colorado School of Mines, 2012.

［5］Austvik T, Li X, Gjertsen L H. Hydrate plug properties: formation and removal of plugs［J］. Annals of the New York Academy of Sciences, 2000, 912(1): 294-303.

［6］Fidel - Dufour A, Gruy F, Herri J M. Rheology of methane hydrate slurries during their crystallization in a water in dodecane emulsion under flowing［J］. Chemical Engineering Science, 2006, 61(2): 505-515.

［7］Camargo R, Palermo T, Glenat P. Rheological characterization of hydrate suspensions in oil dominated systems ［J］. Annals of the New York Academy of Sciences, 2000, 912 (1): 906-916.

［8］Wang L, Sharp D, Masliyah J, et al. Measurement of interactions between solid particles, liquid droplets, and/or gas bubbles in a liquid using an integrated thin film drainage apparatus［J］. Langmuir, 2013, 29(11): 3594-3603.

［9］Colombel E, Gateau P, Barre L, et al. Discussion of agglomeration mechanisms between hydrate particles in water in oil emulsions［J］. Oil & Gas Science and Technology-Rev. IFP, 2009, 64 (5): 629-636.

［10］Høiland S, Askvik K M, Fotland P, et al. Wettability of Freon hydrates in crude oil/brine emulsions［J］. Journal of Colloid and Interface Science, 2005, 287(1): 217-225.

［11］Lachance J W, Talley L D, Shatto D P, et al. Formation of hydrate slurries in a once-through operation［J］. Energy Fuels, 2012, 26(7): 4059-4066.

［12］Delgado-Linares J G, Majid A A, Sloan E D, et al. Model water-in-oil emulsions for gas hydrate studies in oil continuous systems［J］. Energy Fuels, 2013, 27(8): 4564-4573.

［13］Liu C, Li M, Srivastava V K, et al. Investigating gas hydrate formation in moderate to high water cut crude oil containing arquad and salt using differential scanning calorimetry［J］. Energy Fuels, 2016, 30(3): 2555-2562.

［14］Chen Z H. Study of nynamic interaction and adhesion between water droplets and gas hydrate in organic solvents［D］. Ph. D thesis, Alberta University, Canada, 2019.

［15］Aspenes G, Dieke, L E, Aman Z M, et al. Adhesion force between cyclopentane hydrates and solid surface materials. Journal of Colloidand Interface Science, 2010, 343(2): 529-536.

［16］Aspenes G, Høiland S, Borgund A E, et al. Wettability of petroleum pipelines: Influence of crude oil and pipeline material in relation to hydrate deposition. Energy & Fuels, 2010, 24(1): 483-491.

[17] Dieker L E, Aman Z M, George N C, et al. Micromechanicaladhesion force measurements between hydrate particles in hydrocarbon oils and theirmodifications. Energy & Fuels, 2009, 23 (12): 5966-5971.

[18] Sjöblom J, Øvrevoll B, Jentoft G, et al. Investigation of the hydrate plugging and nonpluggingproperties of oils. Journal of Dispersion Science and Technology, 2010, 31 (8): 1100-1119.

[19] Anklam M R, York J D, Helmerich L, et al. Effects of antiagglomerants on theinteractions between hydrate particles. AIChE Journal, 2008, 54(2): 565-574.

[20] Brown E P. Studies of hydrate cohesion, adhesion and interfacial properties using micromechanical forcemeasurements[D]. Ph. D thesis, Colorado School of Mines, 2016.

[21] Gröger T, Tüzün U, Heyes D M. Modelling and measuring of cohesion in wet granular materials [J]. Powder Technol. , 2003, 133(1-3): 203-215.

[22] Yang S, Kleehammer D, Huo Z, et al. Temperature dependence of particle-particle adherence forces in ice and clathrate hydrates[J]. Journal of Colloid and Interface Science, 2004, 277 (2): 335-241.

[23] Taylor C J, Dieker L E, Miller K, et al. Micromechanical adhesion force measurements between tetrahydrofuran hydrate particles[J]. Journal of Colloid and Interface Science, 2007, 306(2): 255-261.

[24] Dieker L E. Cyclopentane hydrate interparticle adhesion force measurements [D]. Golden: Colorado School of Mines, 2009.

[25] Dieker L E, Aman Z M, George N C, et al. Micromechanical adhesion force measurements between hydrate particles in hydrocarbon oils and their modifications[J]. Energy Fuels, 2009, 23(12): 5966-5971.

[26] Taylor C J, Dieker C J, Miller K T, et al. Hydrate particles adhesion force measurements: effects of temperature, low dosage inhibitors, and interfacial energy[C]. Proceedings of the 6th International Conference on Gas Hydrates (ICGH), Vancouver, British Columbia, Canada, 2008.

[27] Lee B R, Koh C A, Sum A K. Development of a high pressure micromechanical force apparatus [J]. Review of Scientific Instruments, 2014, 85(9): 095120-1-4.

[28] Wang S, Hu S, Brown E P, et al. High pressure micromechanical force measurements of the effects of surface corrosion and salinity on CH_4/C_2H_6 hydrate particle-surface interactions[J]. Physical Chemistry Chemical Physics, 2017, 19(20): 13307-13315.

[29] Hu S, Koh C A. Interfacial properties and mechanisms dominating gas hydrate cohesion and adhesion in liquid and vapor hydrocarbon phases[J]. Langmuir, 2017, 33 (32): 11299-11309.

[30] Aman Z M, Dieker L E, Aspenes G, et al. Influence of model oil with surfactants and amphiphilic polymers on cyclopentane hydrate adhesion forces[J]. Energy Fuels, 2010, 24

（10）：5441-5445.

［31］Aman Z M, Sloan E D, Sum A K, et al. Lowering of clathrate hydrate cohesive forces by surface active carboxylic acids［J］. Energy Fuels, 2012, 26(8)：5102-5108.

［32］Aman Z M, Olcott K, Pfeiffer K, et al. Surfactant adsorption and interfacial tension investigation on cyclopentane hydrate［J］. Langmuir, 2013, 29(8)：2676-2682.

［33］Brown E P, Koh C A. Micromechanical measurements of the effect of surfactants on cyclopentane hydrate shell properties［J］. Physical Chemistry Chemical Physics, 2016, 18(1)：594-600.

［34］Brown E P, Study of hydrate cohesion, adhesion and interfacial properties using micromechanical force measurements［D］. Golden：Colorado School of Mines, 2016.

［35］Liu C, Li M, Zhang G, et al. Direct measurements of the interactions between clathrate hydrate particles and water droplets［J］. Physical Chemistry Chemical Physics, 2015, 17(30)：20021 -20029.

［36］Lee B R, Koh C A, Sum A K. Mechanism of cohesive forces of cyclopentane hydrate with and without thermodynamic inhibitors［J］. Industrial Engineering Chemical Reserches, 2014, 53：18189-18193.

［37］Lee W, Beak S, Kim J D, et al. Effects of salt on the crystal growth and adhesion force of clathrate hydrates［J］. Energy & Fuels, 2015, 29：4245-4254.

［38］Wan LSC, Poon PKC. Effect of salts on the surface/interfacial tension and criticalmicelle concentration of surfactants. J Pharm Sci 1969, 58(12)：1562-1567.

［39］Nagarajan R. Molecular packing parameter and surfactant self-assembly：the neglectedrole of the surfactant tail. Langmuir 2002；18(1)：31-38.

［40］Qazi M J, Liefferink R W, Schlegel S J, et al. . Influence of surfactants on sodium chloride crystallization in confinement. Langmuir 2017, 665 33(17)：4260-4268.

［41］Staszak K, Wieczorek D, Michocka K. Effect of sodium chloride on the surface and667 wetting properties of aqueous solutions of cocamidopropyl betaine. JSurfactants Deterg 2015, 18(2)：321-328.

［42］Behera M R, Varade S R, Ghosh P, et al. Foaming in micellar solutions：effects of surfactant, salt, and oil concentrations. Ind Eng Chem Res, 2014；53(48)：18497-184507.

［43］Kharrat M, Dalmazzone D. Experimental determination of stability conditions of methane hydrate in aqueous calcium chloride solutions using high pressuredifferential scanning calorimetry. J Chem Thermodyn 2003；35(9)：1489-505.

［44］Jiménez-Ángeles F, Firoozabadi A. Hydrophobic hydration and the effect of NaClsalt in the adsorption of hydrocarbons and surfactants on clathrate hydrates. ACS Central Sci 2018, 4(7)：820-831.

［45］Hu Y, Makogon T Y, Karanjkar P, et al. Gas hydrates phaseequilibria and formation from high concentration NaCl brines up to 200 MPa. Journal of Chemical & Engineering Data, 2017, 62 (6)：1910-1918.

18

[46] Wang S, Hu S, Brown E P, et al. High pressuremicromechanical force measurements of the effects of surface corrosion and salinityon CH_4/C_2H_6 hydrate particle – surface interactions. Physical Chemistry Chemical Physics, 2017, 19(20): 13307-13315.

[47] Hu S J, Koh C A. CH_4/C_2H_6 gas hydrate interparticle interactions in the presence of anti – agglomerants and salinity[J]. Fuel, 2020, 269: 117208.

[48] Kelland M A. History of the development of low dosage hydrate inhibitors[J]. Energy Fuels, 2006, 20(3): 825-847.

[49] Kelland M A, Svartaas T M, Dybvik L A. Control of hydrate formation by surfactants and polymers[C]. SPE28506, 1994.

[50] Kelland M A, Svartaas T M, Øvsthus J, et al. Studies on some alkylamide surfactant gas hydrate anti-agglomerants[J]. Chemical Engineering Science, 2006, 61(13): 4290-4298.

[51] Cornelis K U, Raimond K V, Rene R, et al. A method for inhibiting the plugging of conduits by gas hydrate[P]. International Patent: WO9517579, 1995-06-29.

[52] Muijus H M, Beers N C M, Os N M V, et al. A method for preventing hydrates[P]. EP Patent: EP0457375A1, 1991-11-21.

[53] Kelland M A, Svartaas T M, Anderson L D. Gas hydrate anti – agglomerant properties of polyproxylates and some other demulsifiers[J]. Journal of Petroleum Science and Engineering, 2009, 64(1-4): 1-10.

[54] Chua P C, Kelland M A. Study of the gas hydrate anti–agglomerant performance of a series of n–alkyl–tri (n–butyl) ammonium bromides[J]. Energy Fuels, 2013, 27(3): 1285-1292.

[55] Mady M E, Kelland M A. Tris(tert–heptyl)–N–alkyl–1–ammonium bromides–powerful THF hydrate crystal growth inhibitors and their synergism with poly – vinylcaprolactam kinetic gas hydrate inhibitor[J]. Chemical Engineering Science, 2016, 144: 275-282.

[56] Kelland M A, Thompson A L. Alkyl–chain disorder in tetra–iso–hexylammonium bromide[J]. Acta Crystallographica Section C, 2012, 68(3): O152-O155.

[57] Klomp U C, Kruka V R, Reijinhart R, et al. A method for inhibiting the plugging of conduits by gas hydrates[P]. International Patent: WO1995017579A1, 1995-06-29.

[58] Kelland M A. Production chemicals for the oil and gas industry [M]. Boca Raton: CRC Press, 2009.

[59] Klomp U C. Method for inhibiting the plugging of conduits by gas hydrates[P]. US Patent: US5879561, 1999-03-09.

[60] Klomp U C. Method and compound for inhibiting the plugging of conduits by gas hydrates[P]. International Patent: WO1999013197, 1999-03-18.

[61] River G, Frostman L, Pryzbyliski J, et al. Detoxification of quaternary onium compounds with polycarboxylate–containing compound[P]. US Patent: US20030146173A1, 2003-08-07.

[62] Milburn C R, Sitz G M. Amines useful in inhibiting gas hydrate formation[P]. US Patent: US6444852B1, 2002-09-03.

［63］ Dahlmann U，Feustel M. Corrosion and gas hydrate inhibitors having improved water and increased biodegradability［P］. US Patent：US2004/0164278A1，2004-08-26.

［64］ Dahlmann U，Feustel M. Additives for inhibiting gas hydrate formation［P］. US Patent：US2004/0163306A1，2004-08-26.

［65］ Kelland M A，Svartaas T M，Øvsthus J，et al. Studies on some zwitterionic surfactant gas hydrate anti-agglomerants［J］. Chemical Engineering Science，2006，61(12)：4048-4059.

［66］ Kelland M A，Svartaas T M，Øvsthus J，et al. Studies on some alkylamide surfactant gas hydrate anti-agglomerants［J］. Chemical Engineering Science，2006，61(13)：4290-4298.

［67］ Kelland M A，Kvæstad A H，Astad E L. Tetrahydrofuran hydrate crystal growth inhibition by trialkylamine oxides and synergism with the gas kinetic hydrate inhibitor poly (N - vinyl caprolactam)［J］. Energy Fuels，2012，26(7)：4454-4464.

［68］ Sugier A，Bourgmayer P，Behar E，et al. Method for transporting a hydrate forming fluid［P］. US Patent：4915176，1990-04-10.

［69］ Sugier A，Bourgmayer R，Stern R. Processing for delaying the formation and /or reducing the agglomeration tendency of hydrate［P］. US Patent：4973775，1990-11-27.

［70］ Huo Z，Freer E，Lamar M，et al. Hydrate plug prevention by anti-agglomeration［J］. Chemical Engineering Science，2001，56(17)：4979-4991.

［71］ Chen J，Sun C，Peng B，et al. Screening and compounding of gas hydrate anti-agglomerants from commercial additives through morphology observation［J］. Energy Fuels，2013，27(5)：2488-2496.

［72］ Rosen M J，Kunjappu J T. Surfactants and interfacial phenomena［M］. 4th ed. New Jersey：John Wiley & Sons，Inc.，2012.

［73］ Storr M T，Taylor P C，Monfort J P，et al. Kinetic inhibitor of hydrate crystallization［J］. Journal of the American Chemical Society，2004，126(5)：1569-1576.

［74］ Storr M T，Taylor P C，Monfort J P，et al. Natural gas hydrates：modifying stability with low dosage inhibitors［C］. Proceedings of the 4th International Conference on Gas Hydrate(ICGH)，Yokohama，Japan，2002.

［75］ Colle K S，Costello C A，Talley L D，et al. A method for inhibiting hydrate formation［P］. International Patent：WO9608456A1，1996-03-21.

［76］ Matthews R R，Clark C R. Inhibition of hydrate formation［P］. EP Patent：0309210A1，1992-03-25.

［77］ Reynhout M J，Kind C E，Klomp U C. A method for preventing or retarding the formation of hydrates［P］. EP Patent：0526929A1，1996-01-17.

［78］ Durand J P，Baley A S，Gateau P，et al. Process to reduce the tendency to agglomerate of hydrates in production effluents［P］. EP Patent：0582507，1997-11-05.

［79］ Pakulski M K. Method for controlling gas hydrate in fluid mixtures［P］. US Patent：US6331508B1，2001-12-18.

［80］ Pakulski M K. Method for controlling gas hydrate in fluid mixtures［P］. US Patent：5741758, 1998-04-21.

［81］ Pakulski M K. Quaternized polymer amines as gas hydrate inhibitors［P］：US Patent：6025302, 2000-02-15.

［82］ York J D, Firoozabadi A. Comparing effectiveness of rhamnolipid biosurfactant with a quaternary ammonium salt surfactant for hydrate anti-agglomeration［J］. The Journal of Physical Chemistry B, 2008, 112(2)：845-851.

［83］ Li X, Negadi L, Firoozabadi A. Anti-agglomeration in cyclopentane hydrates from bio- and co-surfactants［J］. Energy Fuels, 2010, 24(9)：4913-4943.

［84］ Sun M., Wang Y., Firoozabadi A. Effectiveness of alcohol cosurfactants in hydrate anti-agglomeration［J］. Energy Fuels, 2012, 26(9)：5626-5632.

［85］ Hou G D, Liang D Q, Li X S. Experimental study on hydrate anti-agglomeration in the presence of rhamnolipid［J］. RSC Advances, 2018, 8, 39511.

［86］ Arora A, Cameotra S S, Kumar R, et al. Biosurfactant as a promotor of methane hydrate formation：thermodynamic and kinetic studies［J］. Scientific Reports, 2016, 6：20893.

［87］ Heydari A, Peyvandi K. Study of biosurfactant effects on methane recovery from gas hydrate by CO_2 replacement and depressurization［J］. Fuel, 2020, 272：117681.

［88］ Sun M, Firoozabadi A. New surfactant for hydrate anti-agglomeration in hydrocarbon flowlines and seabed oil capture［J］. Journal of Colloid and Interface Science, 2013, 402：312-319.

［89］ Zhao H, Sun M, Firoozabadi A. Anti-agglomeration of natural gas hydrates in liquid condensate and crude oil at constant pressure conditions［J］. Fuel, 2016, 180：187-193.

［90］ Dong S, Li M, Firoozabadi A. Effect of salt and water cuts on hydrate anti-agglomeration in a gas condensate system at high pressure［J］. Fuel, 2017, 210：713-720.

［91］ Dong S, Firoozabadi A. Hydrate anti-agglomeration and synergy effect in normal octane at varying water cuts and salt concentrations［J］. The Journal of Chemical Thermodynamics, 2018, 117：214-222.

［92］ Jiménez-Ángeles F, Firoozabadi A. Hydrophobic hydration and the effect of NaCl salt in the adsorption of hydrocarbons and surfactants on clathrate hydrates［J］. ACS Central Science, 2018, 4(7)：820-831.

［93］ Wang X, Qin H, Ma Q, et al. Hydrate antiagglomeration performance for the active components extracted from a terrestrial plant fruit［J］. Energy Fuels, 2017, 31(1)：287-298.

［94］ Yan K, Sun C, Chen J, et al. Flow characteristics and rheological properties of a natural gas hydrate slurry in the presence of anti-agglomerant in a flow loop apparatus［J］. Chemical Engineering Science, 2014, 106：99-108.

［95］ Lv Y, Guan Y, Guo S, et al. Effects of combined sorbitan monolaurate anti-agglomerants on viscosity of water-in-oil emulsion and natural gas hydrate slurry［J］. Energies, 2017, 10(8)：1105-1118.

［96］Carver T J, Drew M G B, Rodger P M. Inhibition of crystal growth in methane hydrate［J］. Journal of the Chemical Society, Faraday Transactions, 1995, 91: 3449–3460.

［97］Moon C, Taylor P C, Rodger P M. Clathrate nucleation and inhibition from a molecular perspective［J］. Canadian Journal of Physics, 2003, 81(1–2): 451–457.

［98］Perrin A, Goodwin M J, Musa O M, et al. Hydration Behavior of Polylactam Clathrate Hydrate Inhibitors and Their Small–Molecule Model Compounds［J］. Crystal Growth & Design, 2017, 17(6): 3236–3249.

［99］Sloan E D. Method for controlling clathrate hydrates in fluid systems［P］. US Patent 5432292, 1995.

［100］Sloan E D, Christiansen R L, Lederhos J P, et al. Additives and method for controlling clathrate hydrates in fluid systems［P］. US Patent 5639925A, 1997.

［101］Chua P C, Kelland M A, Hirano T, et al. Kinetic Hydrate Inhibition of Poly (N – isopropylacrylamide)s with Different Tacticities［J］. Energy Fuels, 2012, 26: 4961–4967.

［102］Chua P C, Kelland M A, Ishitake K, et al. Kinetic Hydrate Inhibition of Poly (N – isopropylmethacrylamide)s with Different Tacticities［J］. Energy Fuels, 2012, 26: 3577–3585.

［103］Ree L S, Opsahl E, Kelland M A. N–Alkyl Methacrylamide Polymers as High Performing Kinetic Hydrate Inhibitors［J］. Energy Fuels, 2010, 24(4): 2554–2562.

［104］Roosta H, Dashti A, Mazloumi S H, et al. Effects of chemical modification of PVA by acrylamide, methacrylamide and acrylonitrile on the growth rate of gas hydrate in methane–propane–water system［J］. Journal of Molecular Liquids, 2018, 253: 259–269.

［105］Kelland M A, SvartaasT M, Øvsthus J, et al. A New Class of Kinetic Hydrate Inhibitor［J］. Annals of the New York Academy of Sciecnes, 2000, 912: 281–293.

［106］Villano L D, Kelland M A, Miyake G M, et al. Effect of Polymer Tacticity on the Performance of Poly(N, N–dialkylacrylamide)s as Kinetic Hydrate Inhibitors［J］. Energy Fuels, 2010, 24: 2554–2562.

［107］Ajiro H, Takemoto Y, Akashi M, et al. Study of the Kinetic Hydrate Inhibitor Performance of a Series of Poly(N–alkyl–N–vinylacetamide)s［J］. Energy Fuels, 2010, 24: 6400–6410.

［108］Anderson B J, Tester J W, Borghi G P, et al. Properties of Inhibitors of Methane Hydrate Formation via Molecular Dynamics Simulations［J］. Journal of the American Chemical Society, 2005, 127: 17852–17862.

［109］Kelland M A. Production chemicals for the oil and gasindustry［M］, CRC Press, 2014.

［110］Magnusson C D, Kelland M A. Nonpolymeric Kinetic Hydrate Inhibitors: Alkylated Ethyleneamine Oxides［J］. Energy Fuels, 2015, 29: 6347–6354.

［111］Wan L, Liang D Q, Ding Q H, et al. Investigation into the inhibition of methane hydrate formation in the presence of hydroxy–terminated poly(N–vinylcaprolactam)［J］. Fuel, 2019, 239: 173–179.

[112] Musa O M, Cuiyue L. Polymers having n – vinyl amide and hydroxyl moieties [P] WO2010117660, 2010.

[113] Musa O M, Cuiyue L. Degradable polymer compositions and uses thereof [P]. WO2010114761, 2010.

[114] Musa O M, Cuiyue L. Polymers having acid and amide moieties, and uses thereof [P]. WO2011130370, 2011.

[115] Musa O M, Chuang J C, Zhang Y, et al. Non – homopolymers exhibiting gas hydrate inhibition, salt tolerance and high cloud point [P]. WO2012054569, 2012.

[116] Bagherzadeh S A, Alavi S, Ripmeester J A, et al. Why ice–binding type I antifreeze protein acts as a gas hydrate crystal inhibitor [J]. Physical Chemistry and Chemical Chemistry, 2015, 17: 9984–9990.

[117] Davies P L, Baardsnes J, Kuiper M J, et al. Structure and function of antifreeze proteins [J]. Philosophical Transactions of the Royal Society B, 2002, 357(1423): 927–935.

[118] Huang Z. Inhibition of clathrate hydrates by antifreeze proteins [D]. Ph. D Thesis, Queen's University At Kingston, 2004.

[119] Walker V K, Zeng H, Ohno H, et al. Antifreeze proteins as gas hydrate inhibitors [J]. Canadian Journal of Chemistry, 2015, 93(8): 1–11.

第2章 油气输送管线内水合物微观聚集机理

水合物聚集是导致管道堵塞的重要诱因之一。当前对于水合物聚集的研究,主要集中在颗粒间微观作用力的方面,但由于影响水合物微观作用力的因素较多,其作用机理尚未有定论。借助自组装的水合物微观力测试装置可实现对水合物颗粒间微观作用力的直接测量,将测试结果与文献报道值及理论预测模型进行对比,可验证装置及理论作用力模型的正确性。在此基础上,本章借助理论模型,研究液桥固化、界面张力以及水合物分解等因素对水合物微观作用力的影响,明确水合物微观聚集机理,为水合物聚集防治提供理论参考。

2.1 微观聚集力测试装置构建

采用 MMF 可以直接测量水合物颗粒间的相互作用力。相比环流设备(Flow Loop)、蓝宝石高压摇摆槽(Rocking Cell)及高压反应釜(Autoclave)等带压大型设备,MMF 具有操作简便、省时及安全风险低等优势,可以观察水合物颗粒的成核、生长、微观形貌、颗粒间黏附过程以及化学剂对水合物相互作用的影响等。

自组装的 MMF 仿自原子力显微镜(见图 2-1),共包括四大子系统,分别是温度控制系统、微观操作系统、微观拍摄/录像系统以及环戊烷实时补偿系统。本套微观力测量仪参考了国内外的相关设备,做出了适度的改进,并加装了实时补偿系统以维持水合物反应冷台的液面稳定,以提高实验结果的可靠性。

2.1.1 温度控制系统

温度控制系统包括恒温槽、循环回路以及操作冷台。循环介质采用乙二醇型环保防冻液,经恒温槽冷却后输出,进冷台夹套冷浴循环槽(提供稳定的低温环境)。将热电偶置于冷台金属 Cell 内,用于温度测量及校正。

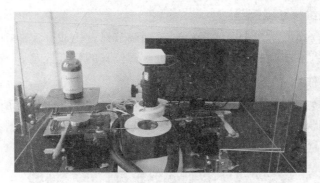

图 2-1 自组装的水合物微观力测量仪

2.1.2 微观操作系统

微观操作系统是生成水合物并进行微观力测试的子系统，主要包括水合物反应冷台、精密三维移动操作器、显微操作臂以及弹性纤维四部分(见图 2-2)。

图 2-2 微观操作系统

1. 水合物反应冷台

图 2-3 为水合物反应冷台俯视图，该冷台为圆筒形容器，用于盛载环戊烷，其材质是不锈钢。冷台外围有封闭式冷套，冷套由绝热材料包裹并与恒温槽相连形成循环回路。绝热层外围由一层聚四氟乙烯作为惰性材料，可以缓解空气中水汽冷凝并抑制水合物爬壁生长。水合物反应冷台提供水合物生成、分解及水合物微观作用力测试所需的环境。

图 2-3 水合物反应冷台俯视图

2. 精密三维移动操作器

精密三维移动操作器由交叉导轨型手动调节滑台构成。实验中将操作臂固定在滑台上，通过手动调节滑台来实现对机械臂位移的精准控制。

3. 显微操作臂

实验中需要两个机械臂，分别是固定臂和移动臂，如图 2-4 所示。两个机械臂由移动滑台控制位移，移动范围为 $10 \sim 500 \mu m$。

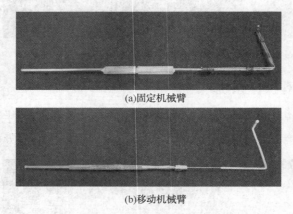

(a)固定机械臂

(b)移动机械臂

图 2-4　机械臂示意图

4. 弹性纤维

弹性纤维安装于两个机械臂末端，作为水合物颗粒的负载体。玻璃纤维的直径选择需考虑实验中所涉及的弹力值以及对应的玻璃纤维的弯曲位移值。鉴于实验中所观测的视野范围有限，本书中选用自制玻璃纤维为弹性丝质，固定机械臂上安装直径为 $35 \mu m$ 的玻璃纤维，移动机械臂上安装直径为 $25 \mu m$ 的玻璃纤维。经测试可以完整观测到其运动范围。

2.1.3　微观拍摄录像系统

图 2-5 为图像拍摄/录像系统示意图。该系统主体为体视显微镜（DV-100，无锡瀚光科技有限公司）、数码摄像机（像素为 500 万）、电脑终端及配套录像处理软件等单元。

实验中由外循环的恒温槽驱动防冻液为水合物反应冷台提供低温环境，体视显微镜于不锈钢皿正上方录制水合物颗粒的生成、分解及微观移动并实时传输至电脑终端。通过专用的操作软件可以设置各项视频参数，录像帧数为 33 帧/秒。

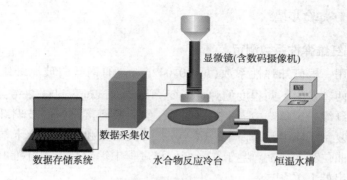

图 2-5　图像拍摄/录像系统

2.1.4　环戊烷实时补偿系统

由于环戊烷的易挥发性，在实验中不可避免地会产生蒸发损失，从而引起环戊烷液相中抑制剂等浓度的上升。为了保证实验的可靠性及可重复性，确保环戊烷液面高度的恒定，由微量泵控制实验中环戊烷的补偿。

2.2　微观聚集力测试装置可靠性分析

2.2.1　实验材料

1. 药品

环戊烷：环戊烷与水可以在常压条件下生成Ⅱ型水合物，相平衡温度为7.7℃。环戊烷在水相中的溶解度较小，与天然气在水中溶解度类似，因此比较适合作为室内天然气水合物的替代物来研究。本书中环戊烷纯度 96%，购自 Aladdin 公司。

防聚剂：选用椰子油酸酰胺改性物（AA，Lubrizol）作为防聚剂。AA 为天然提取物改性产品，绿色无生物毒性，其主要成分为椰子油酸酰胺丙基二甲胺（80%~89%，有效成分）、丙三醇（5%~10%）、少量游离胺及水。

蒸馏水：去离子水取自实验室净水系统。

2. 实验器材

微机械力测量仪（见图 2-1）。

油水界面张力仪（SL200KB）。

2.2.2 实验步骤

1. 玻璃纤维弹性系数测定

实验选用一根已知弹性系数($k_2 = 0.042\text{N/m}$)的钢丝向玻璃纤维施加一定的负载力，使两者发生不同程度的弹性形变。具体测试过程见图2-6，首先使用钢丝给予玻璃纤维一定负载力[图2-6(b)]，然后脱离接触，使玻璃纤维与钢丝由弹性形变恢复到无应力状态[图2-6(c)]。测试钢丝和玻璃纤维末端因弹性形变而引起的弯曲位移δ_1、δ_2。鉴于在形变位移过程中钢丝与玻璃纤维的受力大小相同，因此得出如下关系式：

$$k_1\delta_1 = k_2\delta_2 \tag{2-1}$$

式中　δ_1、δ_2——钢丝、玻璃纤维的受力弯曲位移[图2-6(d)]，像素；

　　　k_1、k_2——钢丝及玻璃纤维的弹性系数，N/m。

根据关系式(2-1)可以得出玻璃纤维的弹性系数。

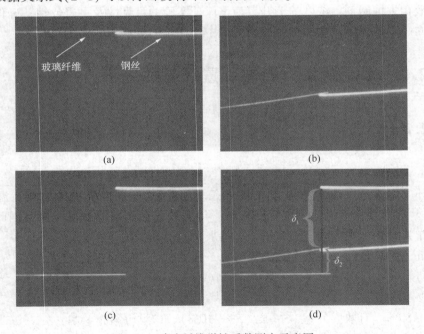

图2-6　玻璃纤维弹性系数测定示意图

2. 油水界面张力测试

本实验中界面张力采用SL200KB型油水界面张力仪在常压室温环境(温度为15℃)下进行测试。在测试中，以环戊烷、蒸馏水分别作为烃相和水相。在每次实验前，将适量的防聚剂 AA 溶于环戊烷相，然后放置于石英方槽中。实验中，将微量直射针管浸入环戊烷相中并在针管末端悬挂一水滴。水滴轮廓由界面张力仪配置的摄像头实时记录(帧数为 1 帧/秒)，同时采用图形处理软件 CAST 3.0 计算对应的油水界面张力值。实验中需要输入油水两相的密度等基本参数，由于加入的防聚剂 AA 浓度较低，其对烃相的密度影响忽略不计。每组实验重复三次。

3. 水合物颗粒-液滴-水合物颗粒作用力测试

相关学者在水合物颗粒-液滴-水合物相互作用力的测试方面已有一定探索[1-2]，两个水合物颗粒分别生成于移动机械臂的玻璃纤维以及固定机械臂的金属板上；此外，需要在金属板表面涂抹一层环氧树脂，以确保在环戊烷相中水滴以半圆形牢固吸附在树脂上，同时也确保水滴转化为水合物颗粒后可以保持半球形状。由于水合物外观形貌受金属板材质影响较大，水合物颗粒较难保持半球形状。在此实验中，水合物生成的方法得到了改进，具体水合物生成、测试方法如图 2-7 所示。

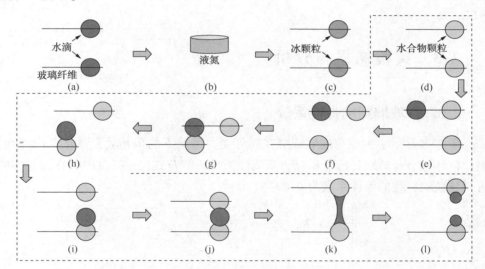

图 2-7　水合物-液滴-水合物作用力测试示意图

图 2-7 展示了水合物颗粒制备及微观力测试的 3 个主要步骤，分别是：

1) 生成水合物颗粒

首先采用滴定法在两个玻璃纤维末端生成两个小水滴；迅速将液滴浸入液氮中，保持 12s，使水滴冷冻成冰颗粒；将生成的冰颗粒迅速浸入盛有环戊烷的金属皿中，此时金属皿中环戊烷的温度为-3℃；为使冰粒转化为水合物颗粒，需要将冰粒的温度升至冰点附近使之发生冰粒融化、生成水合物等相变过程，升温速度控制为 0.1℃/min；水合物生成之后，升温金属皿内环戊烷至 5℃ 并保持该温度 30min 或更长时间，以确保水合物壳足够坚固。

2）生成水合物-液滴联体

水合物生成之后，在连接固定机械臂（上方）的玻璃纤维上放置一个水滴（直径为 210μm±30μm），见图 2-7(e)。调整移动机械臂（上方）使水合物颗粒与水滴接触，使水滴与下方水合物接触，见图 2-7(h)。

3）测定水合物-液滴-水合物间相互作用力

图 2-7(i)~图 2-7(l)展示了测定该微观作用力的过程。首先，调整好下方水合物-液滴的位置，以恒定速率使之与上方水合物颗粒接触，并施以一定负载力；以恒定速率(7~9μm/s)使下方水合物颗粒远离上方水合物颗粒，在此过程中液桥逐渐拉伸并断裂。在每组实验中，颗粒间的位移过程均由摄像机实时记录并保存为视频文件。由 ImageJ 软件处理视频文件并得出实验过程中玻璃纤维的位移值，将其与该玻璃纤维的弹性系数相乘即可得到作用力值。每组实验重复 6 次。

2.3　实验结果与分析

2.3.1　玻璃纤维弹性系数

图 2-8 显示了钢丝与玻璃纤维在同等受力情况下的偏移关系。从图中可知，钢丝位移(δ_1)与玻璃纤维位移(δ_2)呈线性关系，结合式(2-1)及图中直线斜率即可得到玻璃纤维的弹性系数为 0.094N/m。

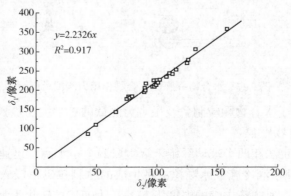

图 2-8　钢丝与玻璃纤维受力偏移关系

2.3.2　水合物微观作用力测试

借助自组装的微观力测试装置，研究纯环戊烷相中水合物-液滴-水合物微观作用力。测定温度设定为 5℃，部分实验结果如图 2-9 及图 2-10 所示。

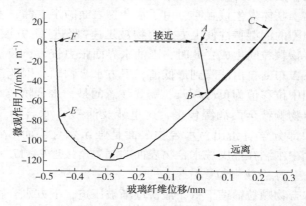

图 2-9　5℃条件下，纯环戊烷相中水合物-液滴-水合物相互作用力曲线

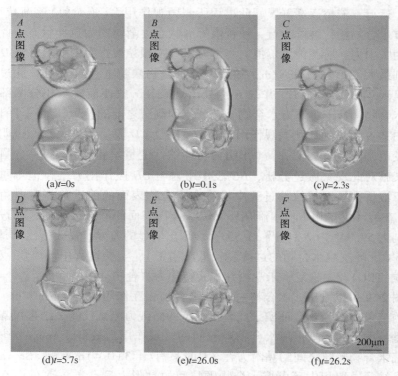

图 2-10　5℃条件下，环戊烷中水合物-液滴-水合物相互作用力测试过程

图 2-9 及图 2-10 显示了 5℃条件下水合物-液滴-水合物微观作用力随玻璃纤维（下方）位移的变化及相应的显微照片。实验从 A 点处开始，向下匀速移动上方固定臂，使上方水合物颗粒逐渐接近下方的水合物-液滴二联体。在接触下方液滴之前，无相互作用力，此时作用力为零；当上方水合物颗粒位移到 A 点与下方液滴水合物二联体发生接触时，由于水合物表面的亲水性，上方水合物颗粒被迅速润湿。强烈的润湿特性使上方水合物被迅速"吸进"下方液滴，在此瞬间，液桥在两颗水合物颗粒间生成；此时，因油水界面张力较大，液桥表面积会急剧缩小，以使体系吉布斯自由能降到最低值，下方水合物颗粒因此被相互作用力向上拉伸，因而图中位移值为负（B 点）；需要注意的是，水合物亲水性尚不足以使液桥将两个水合物颗粒全面润湿包裹，这里涉及油-水-水合物三相体系界面总自由能变化；大部分学者指出，水合物表面是强亲水性，而 Brown[3] 等学者指出，在环戊烷相中水滴在环戊烷水合物表面的润湿角接近 94.17°±4.98°，因此水滴不能完全"包裹"水合物颗粒。

随着上方水合物颗粒继续下行，液桥逐渐被压迫，下方水合物颗粒被压迫下行，位移值由负值渐变为正值，到达 C 点时斥力最大。随后，上方水合物颗粒以恒速向上运行，液桥逐渐舒展，此过程所测微观作用力（绝对值）逐渐减小至零；随着上方水合物颗粒继续上行，液桥由舒展状态逐渐转变为拉伸状态，此时相互作用力为吸引力，所测值为负值。当下方水合物颗粒液桥力牵引上行至 D 点时吸引力达到最大值，为 117mN/m；随着下方水合物颗粒上行至 E 点，此过程中液桥轮廓呈现双曲线形"瓶颈"并在 E 点处出现破裂，致使液桥水相分两部分吸附在两个水合物颗粒上，下方水合物颗粒恢复到测试之前的位置，如图 2-10（f）所示。由图 2-9 可见，所测微观作用力在 BC 段及 CD 段呈线性关系，说明在一定伸缩形变范围内液桥类似弹簧（作用力与伸缩性变量呈正比例关系）。目前，已有相关文献对此现象做过分析，BC 段作用力与 CD 段作用力平行但不重合，可能是由于液桥在压缩与拉伸过程中水滴在水合物表面的前进角与后退角差异所致[4-5]。在纯环戊烷相中，水滴在环戊烷水合物表面的静态接触角、前进角及后退角分别为 59.44°、62.18° 及 33.55°，表现出明显的差异。需要指出的是，实验温度为 5℃，环戊烷水合物的过冷度较低（2.7℃），实验过程中环戊烷-水合物-水三相线（TPC）较为稳定，未观测到水滴转化为水合物。

由图 2-9 可以看出，水合物-液滴-水合物相互作用力为 117mN/m，此数值与文献的结果[6] 较为吻合证实了此套自组装的微观力测试仪测试结果可靠。需要指出的是，大量的文献报道水合物颗粒间的微观作用力较低。Aman[7,8,9] 等测得的环戊烷水合物颗粒之间的黏附力在 3℃时只有（4.3±0.4）mN/m，Brown[10,11] 等测得的在纯环戊烷相中环戊烷水合物颗粒间的黏附力只有 4.2mN/m。在这些文献中，两水合物颗粒之间的液桥水来源于水合物颗粒表层的似液层，液量比较小，因此液桥液量也很小。Aman[9]等证实了似液层厚度的增加将使液桥尺寸增加，同时使液桥力呈指数型增加。在本书的研究中，不同于因似液层而产生的液桥，当前液桥来源于在两个水合物颗粒间额外引入的液滴，因此液桥尺寸大很多。大尺寸的液桥因而产生了更大的液桥力，也即所测得的微观作用力。

2.4　考虑液桥固化的水合物微观作用力模型

需要注意的是，在较高过冷度条件下，水合物壳会在水合物颗粒-液滴的交界处成核、结晶，并沿着液桥轮廓生长，从而导致水合物-液滴-环戊烷三相线不断移动[9]，同时液桥液量逐渐减少，黏附力则表现出明显增大趋势[12]。目前尚未有考虑水合物生长的颗粒-液滴黏附力作用模型。本节建立考虑液桥固化的水合物微观作用力模型，并在此基础上考察液桥固化速率、液桥体积以及油水界面张力等因素对作用力的影响规律。

2.4.1　理论模型

液桥力是主导水合物颗粒间作用力的因素之一，有文献[12]表明，当液桥存在固化现象时，水合物颗粒间的作用力会增大。因此有必要考察液桥固化现象对水合物颗粒间微观作用力的影响。图 2-11 为存在液桥固化现象的某一测试时刻水合物颗粒-液滴-水合物形态的示意图。

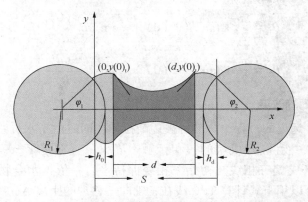

图 2-11　考虑液滴固化的水合物-液滴钟摆悬滴模型示意图

此时，球形颗粒间的液桥力转化为两个平板间的液桥力，可以表示为：

$$F = \pi y\,(0)_t^2 \Delta p - 2\pi y\,(0)_t \gamma_{hw} \sin\theta_1 \qquad (2-2)$$

式(2-3)右侧第一项为毛管力，第二项为界面张力在 x 方向的分力，其中 Δp 为液桥表面内外的水静压力，其可由 Young-Laplace 方程进行求解。在笛卡尔坐标系内，Young-Laplace 方程如下：

$$\frac{\Delta p}{\gamma_{hw}} = \frac{1}{y\left(1 + y'^2\right)^{1/2}} - \frac{y''}{\left(1 + y'^2\right)^{3/2}} \tag{2-3}$$

将液-固边界接触点的坐标代入式(2-3)可得 $\dfrac{\Delta p}{2\gamma_{hw}} = \dfrac{y(0)_t\sin(\theta_1) - y(d)_t\sin(\theta_2)}{y(0)_t^2 - y(d)_t^2}$

式(2-3)表明，计算水静力压差，需要知道界面张力，液桥轮廓曲线以及接触角。界面张力可以由界面张力仪直接测得，接触角可以通过图像分析获得，而液桥轮廓曲线需要特定的数学函数描述。

1. 液桥轮廓

依据前期研究[12-14]，此处采用二次多项式描述液桥轮廓。

$$y(x) = ax^2 + bx + c \tag{2-4}$$

式中 a、b 和 c——未知常量，无量纲。

对于水合物与液桥的接触角，分别符合以下关系式：

$$\begin{cases} \theta_1 = \dfrac{\pi}{2} + \tan^{-1}(y'(0)_t) \\[2mm] \theta_2 = \dfrac{\pi}{2} - \tan^{-1}(y'(d)_t) \end{cases} \tag{2-5}$$

对于初始时刻，分别遵循式(2-6)：

$$\theta_1 = \frac{\pi}{2} + \tan^{-1}(y'(0)_t) - \sin^{-1}\left(\frac{y(0)_t}{R_1}\right) \tag{2-6}$$

$$\theta_2 = \frac{\pi}{2} + \tan^{-1}(y'(0)_t) - \sin^{-1}\left(\frac{y(d)_t}{R_2}\right) \tag{2-7}$$

2. 液桥轮廓的改变

在颗粒相互远离的过程中，液桥被逐渐拉伸，同时由于水合物的生成，其液量和水合物颗粒-液桥-环戊烷的三相接触边界也一直在变化。整个过程中新的水合物-液桥-环戊烷三相线与初始三相线保持平行；依据水合物壳沿液桥轮廓生长的事实，可以用下式计算 TPC 线在 x 轴向上移动的距离 Δx_1 和 Δx_2：

$$\int_0^{\Delta x_1} \sqrt{1 + y(x)_t'^2}\, dx = \nu_h(t) \cdot dt \tag{2-8}$$

$$\int_{d_t - \Delta x_2}^{\Delta x_1} \sqrt{1 + y(x)_t'^2}\, dx = \nu_h(t) \cdot dt \tag{2-9}$$

式中，$v_h(t)$ 是水合物沿液桥表面的生长速度，可以通过实验测试得到。

假设水合物颗粒的脱离速度为 $v_d(t)$，则液桥的长度可以表示为：

$$d_{t+dt} = dt + v_d(t) \cdot dt - \Delta x_1 - \Delta x_2 \tag{2-10}$$

液桥在 $t+dt$ 时刻的轮廓可以通过求解以下方程组得到：

$$\begin{cases} y(x)_{t+dt}|_{x=0} = a(t)\Delta x^2 + b(t) \cdot \Delta x + c(t) \\ \pi \int_0^{d_{t+dt}} y(x)_{t+dt}^2 \cdot dx = \pi \int_{\Delta x_1}^{d_t - \Delta x_2} y(x)_t^2 \cdot dx \\ y(x)_{t+dt}|_{x=d_{t+dt}} = a(t)(d_t - \Delta x_2)^2 + b(t) \cdot (d_t - \Delta x_2) + c(t) \end{cases} \tag{2-11}$$

初始时刻遵循下式：

$$\pi \int_0^{d_0} y^2(x)_0 \cdot dx = V_{liq}(0) + V_{cap1}(0) + V_{cap2}(0) \tag{2-12}$$

$$V_{cap1}(0) = \frac{\pi h_0}{6}[3y(0)_0^2 + h_0^2] \tag{2-13}$$

$$V_{cap2}(0) = \frac{\pi h_d}{6}[3y(d)_0^2 + h_d^2] \tag{2-14}$$

3. 液桥断裂

随着液桥逐渐被拉伸，液桥中段出现瓶颈，并最终断裂。在界面张力的作用下，破裂后的液滴以球冠的形态存在于水合物颗粒上(见图 2-12)。对于球冠的相关特征参数可以通过以下方程组求解。

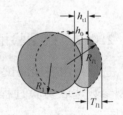

图 2-12　液桥破裂后在颗粒表面分布形态示意图

$$\begin{cases} R_{l1} = \frac{T_{l1}^2 + y(0)_t^2}{2T_{l1}} \\ T_{l1}[3y(0)_t^2 + T_{l1}^2] = \frac{6[V_{l1}(t) + V_{cap1}(t)]}{\pi} \end{cases} \tag{2-15}$$

当 $h_{t1} \geqslant h_0$ 时，

$$V_{cap1}(t) = 0 \tag{2-16}$$

当 $h_{t1} < h_0$ 时，

$$V_{cap1} = \frac{\pi}{6}(h_0 - h_{r1})[6R_1(h_0 - h_1) - 2(h_0 - h_{t1})^2] \tag{2-17}$$

当 $h_{t2} \geqslant h_d$ 时，

$$V_{cap2}(t) = 0 \tag{2-18}$$

当 $h_{t2} < h_d$ 时，

$$V_{cap2} = \frac{\pi}{6}(h_0 - h_{r2})\ [6R_2(h_0 - h_{t2}) - 2\ (h_d - h_{t2})^2] \tag{2-19}$$

$$\begin{cases} R_{l2} = \dfrac{T_{l2}^2 + y\ (d)_t^2}{2T_{l2}} \\[4mm] T_{l2}(3y\ (d)_t^2 + T_{l2}^2) = \dfrac{6\ [V_{l2}(t) + V_{cap2}(t)]}{\pi} \end{cases} \tag{2-20}$$

已有文献证实可用 Pepin 标准判断液桥的破裂[12-14]，即认为当液桥的表面积等于分离形成的两液滴的表面积之和时，液桥发生破裂。

$$2\pi \int_{x=0}^{x=dt} y\ (x)_t \sqrt{1 + y\ (x)'^2_t}\, dx = 2\pi(R_{l1}T_{l1} + R_{l2}T_{l2}) \tag{2-21}$$

实验证实液桥总是在其最窄处发生破裂，由此可以计算液桥液量在颗粒与平板上的分配：

$$\begin{cases} V_{lp}(t) = \pi \displaystyle\int_{x=0}^{x=x_{min}} y\ (x)_t^2\, dx - V_{cap}(t) \\[4mm] V_{ls}(t) = \pi \displaystyle\int_{x=x_{min}}^{x=d_t} y\ (x)_t^2\, dx \end{cases} \tag{2-22}$$

2.4.2　模型验证

选取一组实验测试数据与模型模拟值对比。实验中选取的一组参数见表2-1，模型参数选取实验过程中的实际测量值，其中油水界面张力值选取为 48mN/m（见图3-4）。

1. 液桥轮廓的预测

图2-13 显示了水合物-液滴-水合物微观作用力测试过程中，不同时间点的

表 2-1　对比所用水合物颗粒与液滴基本参数

项　目	数　值	项　目	数　值
液桥包络角 $\varphi_1/(°)$	47.11	界面张力 $\gamma_{hw}/(mN/m)$	48
液桥包络角 $\varphi_2/(°)$	54.45	过冷度/℃	7.2
水合物半径 $R_1/\mu m$	282.37	水合物生长速率 $V_h/(\mu m/s)$	2.60
水合物半径 $R_2/\mu m$	297.23	时间步长 t/s	1
液滴半径 $R_d/\mu m$	239.91		

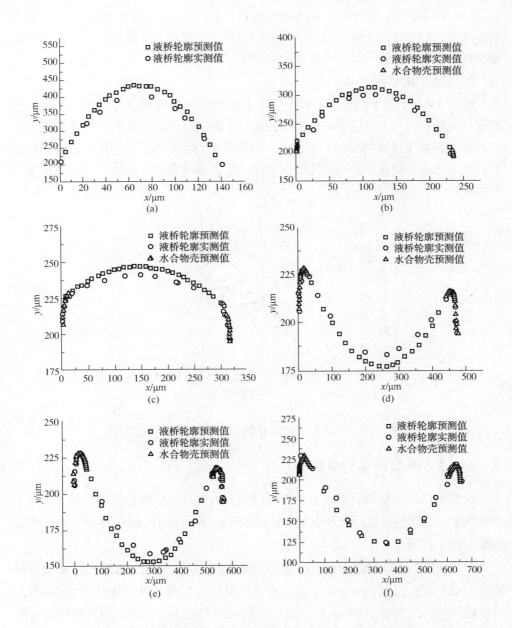

图 2-13　液桥及生长水合物壳实际轮廓变化与模型预测结果

实测液桥及部分液桥固化后的轮廓与模型预测结果的对比图。由图可见，随着液桥固化的持续，液桥体积逐渐减小，随着液桥的拉伸过程，液桥轮廓逐渐由凸液面[图2-13(a)~图2-13(c)]转变为凹液面[图2-13(d)~图2-13(f)]。液桥及液桥固化后的水合物壳轮廓与模型预测结果重合度较高,该模型可以较好描述考虑液桥固化的液桥拉伸过程中的水合物及液桥轮廓。

2. 作用力的预测

图2-14显示了不同温度条件下,考虑液桥固化的液桥拉伸过程中的模型预测值与实测值对比,可以看出模型预测值与实测值有很好的吻合度,平均误差小于10%,证实了所建模型的准确性。图中的作用力均采用了无因次化处理,即最大黏附力与水合物颗粒半径的比值,消除了实验中水合物颗粒粒径不同对黏附力的影响。

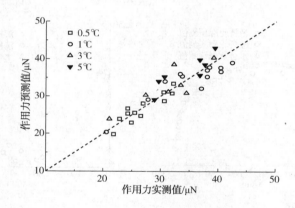

图2-14 无因次水合物颗粒间作用力实测值与预测值对比

2.4.3 模型计算与分析

采用Matlab程序语言对水合物颗粒间液桥力进行了模拟计算,考察了液桥上水合物生长、液桥液量以及环戊烷-水界面张力对液桥力的影响规律。具体模拟参数如表2-2所示。

图2-15展示了液桥固化速率(水合物生长速率)V_h对水合物颗粒间液桥力的影响。由图可见,当$V_h=0\mu m/s$时,水合物液桥力随着液桥长度的增加而增加,当液桥长度拉伸到583.59μm时,液桥力达到最大值34.63μN,随着液桥长度的继续增大,液桥出现"瓶颈",作用力出现稳步下降直至液桥断裂。同时,在液桥出现固化后,当水合物生长速率达到2$\mu m/s$后,液桥力上升到液桥力36.54μN;随着水合物生长速率的上升,液桥力进一步增加。2017年,Liu[12]等

对环戊烷水合物与平板间的液桥力进行了模拟计算，发现液桥固化会增大水合物在平板上的黏附力，与本结论相符。

表 2-2　模拟计算基本参数

项　目	数　值	项　目	数　值
液桥包络角 $\varphi_1/(°)$	45	界面张力 $\gamma_{hw}/(mN/m)$	48
液桥包络角 $\varphi_2/(°)$	55	水合物颗粒间初始距离 $d/\mu m$	140
水合物半径 $R_1/\mu m$	300	液桥拉伸速率 $V_s/(\mu m/s)$	19
水合物半径 $R_2/\mu m$	300	水合物生长速率 $V_h/(\mu m/s)$	2
液滴半径 $R_d/\mu m$	240	时间步长 t/s	1

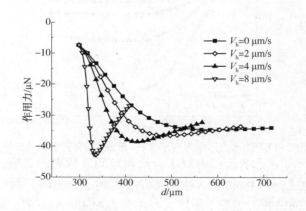

图 2-15　水合物生长速率对水合物-液滴-水合物黏附力的影响

图 2-16 展示了水合物颗粒间液滴体积对液桥力的影响，可以看出，液滴体积尺寸（R_d）为 240μm 时，液桥力为 36.55μN，随着液滴尺寸的增加，液桥力逐渐增大。当液桥液滴体积尺寸（R_d）为 320μm 时，液桥力为 41μN。由此得出，在此种情况下水合物颗粒间液桥力占主导作用。Nicholas[15-16] 对水合物颗粒在壁面上的黏附力进行测试，发现当自由水存在时，黏附力显著增大，此时壁面黏附力由液桥力主导。Aspenes[17]、Aman[7-8,18]、Brown[10-11] 及 Liu[14] 等人均对环戊烷水合物颗粒间的黏附力进行了研究，发现当水合物颗粒表面的液膜厚度或水合物颗粒间水滴尺寸增大时均可引起液桥尺寸的增大，进而导致水合物颗粒间黏附力增大。

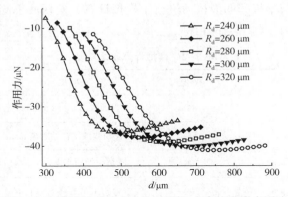

图 2-16 液滴尺寸对水合物-液滴-水合物黏附力影响

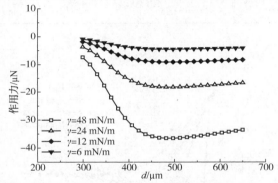

图 2-17 油水界面张力对水合物-液滴-水合物黏附力影响

图 2-17 展示了油水界面张力对水合物颗粒间液桥力的影响，可以发现在不含有界面活性物质($\gamma = 48\text{mN/m}$)时，液桥力达到 34.63μN；而在降低界面张力后，水合物颗粒间液桥力也显著下降；界面张力为 48mN/m 时，液桥力也降到了 34.63μN。Aman[8]、Brown[10-11] 等人研究了界面张力对环戊烷水合物颗粒间黏附力的影响，发现引入活性物质后水合物颗粒间的黏附力大幅降低，他们将黏附力的降低归功于环戊烷/水界面张力的降低。

2.5 考虑水合物分解的水合物微观作用力模型

水合物颗粒之间的液桥力是引起水合物聚集的重要诱因。目前，考虑水合物生成的水合物聚集现象得到了广泛的关注，而水合物分解时的短暂聚集现象[图 2-18(a)]却较少有人关注，人们对其液桥力力学特征知之甚少。本章节拟在第 2.4 节液桥力的分析的基础上，用数值评价水合物分解对水合物颗粒间液桥力的影响规律。

2.5.1　理论模型

图 2-18 展示了水合物分解引起的水合物聚集物理模型。

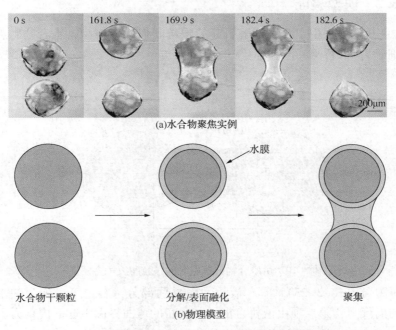

(a)水合物聚焦实例

(b)物理模型

图 2-18　由水合物分解引起的水合物聚集实例及物理模型示意图

如图 2-18 所示，在油相或气相环境中，水合物未分解可以被看作干颗粒，此时水合物颗粒间的相互作用力应由固体间作用力主导。由于水合物分解为传热限制过程，其分解首先于表层水合物开始，因此水合物分解开始后，产生的自由水在水合物表面就地积累并形成一层水膜，此时两个带有水膜的水合物颗粒可以比作两个液滴。若两个带有水膜的水合物颗粒相互靠近并接触，则两个水膜的聚并会导致液桥的出现，此时，水合物颗粒间的作用力应由液桥力主导。需要注意的是，当该液桥处于拉伸状态时，液桥内压力减小，水合物表层水膜的自由水被驱使至液桥内，引起液桥体积的增大以及水合物表层水膜厚度的减小(图 2-18)。同时，在拉伸的过程中，液桥与水合物颗粒(带水膜)间的接触面积会减小，因此液桥在水合物颗粒上的包络角也会逐渐减小。当液桥断裂后，液桥水则会均匀分布在两个水合物颗粒表面并形成水膜。可以认为在油气管道内，当温压条件合适时，水合物分解初期仍会引起水合物聚集甚至堵塞。因此有必要考察由分解引起水合物聚集及研究此过程中的液桥力，以深化对水合物分解引起聚集的认识。本章节拟构建作用力模型并评价水合物分解对颗粒间聚集力的影响。

2.5.2　模型验证

图 2-19 显示了由水合物分解引起的颗粒间作用力模型，水合物颗粒间作用力由毛细管力(液桥力)主导。

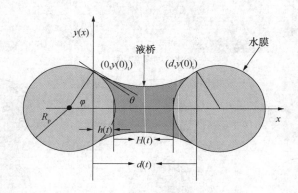

图 2-19　由水合物分解引起的颗粒间液桥力模型

液桥力可由式(2-23)计算，液桥力包含两部分，右边第一项为油水界面张力引起的内聚力，第二项由液桥自由水与油相的弯曲界面引起的内聚力。

$$F_{cap} = 2\pi R \sin\varphi \gamma_{hw} \sin(\theta + \varphi) - \pi R^2 \sin^2\varphi \Delta p \qquad (2-23)$$

式中　R——水合物颗粒半径，μm；

　　　φ——液桥与水合物颗粒接触面对应的半包络角，(°)；

　　　γ_{hw}——环戊烷与水界面张力，mN/m；

　　　θ——液桥在水合物颗粒表面的接触角，(°)，液桥拉伸过程中，由于水合物分解的存在，水合物表面一直会有一层薄薄的水膜，因此可以认为液桥在水合物表面的接触角为 0°；

　　　Δp——液桥表面内外的水静压力，其可由 Young-Laplace 方程进行求解。

在笛卡尔坐标系内，Young-Laplace 方程如下：

$$\frac{\Delta p}{\gamma_{hw}} = \frac{1}{y(1 + y'^2)^{1/2}} - \frac{y''}{(1 + y'^2)^{3/2}} \qquad (2-24)$$

式中　y' 及 y''——液桥轮廓对应的一阶导数和二阶导数。

式(2-24)表明，计算水静力压差，需要知道油水界面张力，液桥轮廓曲线以及接触角。界面张力可以由界面张力仪直接测得，接触角可以通过图像分析获得，而液桥轮廓曲线需要特定的数学函数描述。

1. 液桥轮廓

依据前期研究[12-14]，此处采用二次多项式描述液桥轮廓。

$$y(x)_t = a(t)x^2 + b(t)x + c(t) \tag{2-25}$$

式中　$a(t)$、$b(t)$ 和 $c(t)$——未知常量，无量纲。

将液固边界接触点 $x = 0$ 代入式（2-24）可得液桥界面内外静水压差 Δp 的表达式为：

$$\Delta p = \gamma_{hw}\left[\frac{1}{c(t)(1 + b(t)^2)^{1/2}} - \frac{2a(t)}{(1 + b(t)^2)^{3/2}}\right] \tag{2-26}$$

由图 2-20 可知，水合物分解产生的自由水分为两种存在形式，即液桥水和水合物表面液膜水，而相对于液桥水来说，液膜水的体积少之又少，因此在拉伸过程中可以忽略液膜水，假设自由水全部为液桥水。

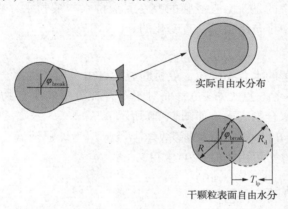

图 2-20　液桥断裂后自由水在水合物颗粒（带分解）表面分布示意图

当拉伸时间点为 t 时，假设两个水合物颗粒尺寸一样，同时接触角为 0°。基于液桥体积守恒关系以及几何换算，可以得到如下方程组

$$\begin{cases} y(x)_t\big|_{x=0} = c(t) = R(t) \cdot \sin(\varphi(t)) \\ \pi \int_0^{d(t)} y(x)_t^2 \cdot dx = V_b(t) + 2V_{cap}(t) \\ y(x)_t\big|_{x=d_t} = a(t) \cdot d(t)^2 + b(t) \cdot d(t) + c(t) = R(t) \cdot \sin(\varphi(t)) \\ \dfrac{\pi}{2} + \tan^{-1}(y'(0)_t) = \varphi(t) \end{cases}$$

$$\tag{2-27}$$

为求解式(2-27)，还需考虑如下关系式：

$$\begin{cases} V_{cap}(t) = \dfrac{\pi h(t)}{6}\left[3y(0)_t^2 + h(t)^2\right] \\ h(t) = R(t) \cdot [1 - \cos(\varphi(t))] \\ d(t) = H(t) + 2h(t) \\ H(t) = H_0 + v_p \cdot t \end{cases} \qquad (2-28)$$

式中　$V_{cap}(t)$——液桥包裹的水合物颗粒球冠体积，mL；

　　　$h(t)$——液桥在水合物颗粒上的浸入深度，μm；

　　　$d(t)$——液桥长度，μm；

　　　$H(t)$——水合物颗粒间距，μm；

　　　v_p——液桥拉伸速率，μm/s。

由式(2-27)及式(2-28)可以计算出液桥轮廓及液桥在水合物颗粒表面的半包络角。需要注意的是，由于液膜的存在，液桥水与液膜水存在较强的联动性，液桥在拉伸过程中半包络角是一直变化的。

2. 液桥破裂

对于存在分解的水合物颗粒，液桥断裂后自由水仍会将水合物全部包围，形成均匀的水膜(不考虑重力影响)，而对于不存在分解的水合物表面，自由水以球冠形式附着在水合物表面，如图2-20所示。

图2-20中，R_d为球冠液滴的等效球半径，T_{lp}为球冠液滴在水合物表面的最大高度，这两个参数可由式(2-29)求得。

$$\begin{cases} R_d = \dfrac{T_{lp}^2 + y(0)_t^2}{2T_{lp}} \\ T_{lp}(3y(0)_t^2 + T_{lp}^2) = \dfrac{6V_l}{\pi} + h(t)\left[3y(0)_t^2 + h(t)^2\right] \end{cases} \qquad (2-29)$$

已有文献证实可用 Pepin 标准判断液桥的破裂[12-14]，即认为当液桥的表面积等于分离形成的两液滴的表面积之和时，液桥发生破裂。考虑到两个水合物颗粒尺寸一样，则可得到下列判别式：

$$2\pi \int_{x=0}^{x=dt} y(x)_t \sqrt{1 + y(x)_t'^2} \cdot dx = 4\pi R_{lp} T_{lp} \qquad (2-30)$$

式中，左边项为液桥与环戊烷的界面积，右边项为液滴表面积。当两个水合物颗粒尺寸相等时可认为液桥断裂后各有一半的水附着在水合物表面。基于此假设，液桥断裂点应该位于其中点。

2.5.3　模拟计算与分析

基于 2.5.2 求解方法及所设定的初始条件，采用 Matlab 非线性求解，对考虑水合物分解的液桥力特征进行了模拟，考察的对象包含液桥轮廓、作用力及断裂距离。

图 2-21(a) 显示了液桥轮廓随水合物间距的变化。此模拟过程中未考虑水合物的继续分解，设定 $V_r = 2$($V_r = V_{bridge}/V_{particle}$)，水合物半径为 300μm，界面张力为 48mN/m。由图可见，随着水合物间距的扩大，液桥与水合物的交界点逐渐向内侧滑移，同时也引起液桥在水合物表面的半包络角的逐步降低。在半包络角经过 90°时，液桥轮廓由凸液面转变为凹液面。随着水合物间距的增大，液桥在水合物表面的浸入深度也逐渐减小。同时需要注意的是，在低液桥/颗粒体积比条件下，液桥长度并不一直增加。

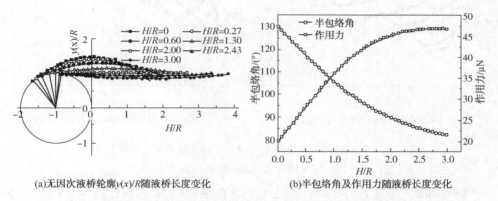

(a)无因次液桥轮廓$y(x)/R$随液桥长度变化　　(b)半包络角及作用力随液桥长度变化

图 2-21　无因次液桥轮廓、半包络角及作用力随无因次水合物间距的变化示意图

图 2-21(b) 显示了随着水合物间距的变化，半包络角及水合物颗粒间作用力的变化趋势。可以发现，随着液桥长度的增加，半包络角先是急剧降低而后缓慢下降；相反，水合物颗粒间相互作用力却一直表现为相互吸引力，这可能是水合物颗粒表面水膜致使水合物颗粒表现出的强亲水性所致。

图 2-22 显示了不同液桥/颗粒体积比条件下，液桥半包络角及水合物间黏附力随水合物间距的变化趋势。本模拟过程(Case 1)中未考虑水合物的进一步分解，这一假设在低过冷度及液桥快速拉伸条件下是合适的。同时，设定水合物半径为 300μm，界面张力设定为 48mN/m。图 2-22(a) 显示了半包络角的变化趋势，其中液桥断裂采用 Pepin 判别法则。需要注意的是，在高液桥/颗粒体积比(如 $V_r = 4$)条件下，液桥表面积不再与断裂后的液滴表面积相等，Pepin 判别法则

不再适用。Willett[19]等学者使用下列拟合关系式(2-31)计算同等水合物颗粒尺寸条件下的液桥断裂距离。

$$\frac{H_{break}}{R} = \left(1 + \frac{\varphi}{2}\right)\left[\left(\frac{4\pi V_r}{3}\right)^{1/3} + \left(\frac{4\pi V_r}{3}\right)^{2/3}\Big/10\right] \tag{2-31}$$

经对比发现，当高液桥/颗粒体积比低于0.5时，Pepin判别法则与式(2-31)的预测结果相一致，Darabi[20]等学者也得出过类似结论。而当继续增加液桥体积时，Pepin判别法则会得出更大的液桥断裂距离，并且随着液桥体积的增大液桥断裂距离差值会进一步增大。

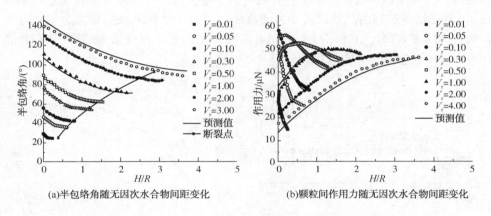

(a)半包络角随无因次水合物间距变化　　(b)颗粒间作用力随无因次水合物间距变化

图2-22　不同液桥体积条件下，液桥半包络角及水合物颗粒相互
作用力随无因次水合物间距的变化示意图

据Willet[19]等学者的文献，式(2-31)由低液桥/颗粒体积比($V_r<0.1$)条件下的数据拟合而来，而本计算中低液桥/颗粒体积比范围更广。当$V_r=3$时，由式(2-31)计算出的破裂距离所对应的液桥半包络角为93.26°，这显示此时液桥轮廓为凸液面。而通常来说，液桥在产生瓶颈时会发生断裂，此时的液桥轮廓为凹液面。就此项预测结果来说，Pepin判别法更为合理。由图2-22(a)可以发现，液桥半包络角会随着液桥体积的增加而增加，同时会随着水合物间距的增加而减小。当$V_r<0.5$时，液桥半包络角的减小对应着液桥-水合物颗粒接触面积的减小，而当$V_r>0.5$时，液桥半包络角最开始出现的减小(至90°)则对应着液桥与水合物颗粒接触面积的增大。此外，由定量分析可得，液桥半包络角与无因次水合物间距呈现二阶多项式(2-32)关系，其拟合精度较高，见表2-3。

$$\varphi = AH_r^2 + BH_r + C \tag{2-32}$$

式中　$H_r=H/R$——无因次水合物间距。

根据表 2-3 中的数据可拟合得出 A、B 及 C 关于 V_r 的如下表达式:

$$\begin{cases} A = 6.95V_r^{-0.627} \\ B = 4.121\log(V_r) - 31.558 \\ C = 106.66V_r^{0.282} \end{cases} \quad (2-33)$$

将式(2-33)代入式(2-32),可得

$$\varphi = 6.954V_r^{-0.627}H_r^2 + (4.12\log(V_r) - 31.558)H_r + 106.66V_r^{0.282} \quad (2-34)$$

表 2-3　不同液桥/水合物颗粒体积比时,式(2-32)中参数值

V_r	A	B	C	R^2
0.01	130.59	−54.37	29.42	0.995
0.05	41.01	−39.80	45.05	0.995
0.1	25.70	−37.31	54.73	0.996
0.3	15.95	−36.23	75.91	0.998
0.5	12.38	−36.34	89.14	0.998
1	8.49	−35.67	110.49	0.999
2	4.53	−29.65	130.85	1.000
3	2.79	−24.44	140.32	0.999

由拟合关系式(2-34)得出的液桥半包络角预测值可见图 2-22(a),可以发现预测值与数值模型得到的半包络角结果有较高的吻合度。图 2-22(b)显示了考虑分解的水合物颗粒间液桥力模拟值(Case 2),由关系式(2-34)得出的液桥力预测值也可见图 2-22(b)。由图 2-22(b)可见,在低液桥/颗粒体积比(V_r<0.1)条件下,水合物间作用力随水合物间距的增大急剧下降,这一预测结果与部分学者的研究结果相符[13-14,19-21]。而当液桥体积进一步增大时,水合物间液桥力则呈现另一种变化趋势,即随着水合物间距的增大出现先增加后降低的趋势。式(2-27)及式(2-28)显示半包络角可由 a、b 及 c 三个参数表达。根据式(2-23)及式(2-26),Δp 静水压差及总液桥毛管力可采取半包络角值计算而得。由图 2-22(b)可以看出,由拟合关系式得出的作用力值与数值模型预测的结果高度吻合。基于此可以看出,拟合关系式省去了复杂的数值计算,因而在实际应用中更具有优势。

图 2-23 显示了不同分解程度条件下,水合物颗粒间相互作用力随无因次

水合物间距(H/R)的变化示意图，水合物颗粒初始半径均为$300\mu m$。在模拟过程中水合物分解会导致体积收缩，分解前后水合物及对应融化水的体积比为$1.3^{[22]}$。同样，在本模拟过程中，未考虑水合物的继续分解。可以看出，图2-23得到的水合物颗粒间相互作用力模拟值与图2-22（b）中得到的水合物颗粒间相互作用力有类似的变化趋势，在相同V_r条件下，图2-21中黏附力的下降程度更大。

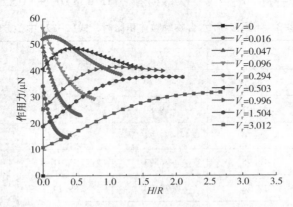

图2-23　不同水合物分解程度条件下，水合物颗粒相互作用力
随无因次水合物间距(H/R)的变化示意图

图2-24显示了Case 1与Case 2的初始半包络角（$H=0$）及水合物颗粒间相互作用力（颗粒间相互作用力的最大值）随液桥/颗粒体积比的变化。由图可见，Case 1与Case 2的半包络角曲线相互重合，这可能是半包络角的无因次化引起的[式（2-32）及式（2-33）]。此外，Case 1与Case 2中水合物颗粒间相互作用力随着液桥体积的增加均呈现先急剧增加后缓慢下降的趋势。当液桥/颗粒体积比在0.1～0.3范围内时，黏附力出现峰值。对于存在分解的水合物，这也意味着当水合物颗粒融化至（R/R_{inital}）为0.98～0.94时液桥力（颗粒间黏附力）出现峰值。同时也可以发现，同等条件下Case 2的水合物间黏附力小于Case 1中的黏附力，且随着液桥/颗粒体积比的增大，两组黏附力差值越来越大，原因可能是相同分解程度条件下，液桥拉伸过程中Case 1中水合物的持续分解引起的液桥与水合物接触面积以及半包络角的减小。

上述两个案例中忽略了测试过程中的水合物分解，而在低过冷度环境下水合物分解速率较快，因此下面将分析水合物分解速率对水合物颗粒间黏附力的影响。水合物分解速率可由式（2-35）表示，即分解速率与颗粒表面积呈正相关，也与甲烷分子在水合物分解时压力与平衡压力条件下的逸度之差呈正相关[11]。

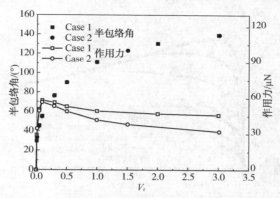

图 2-24 不同液桥/颗粒体积比条件下初始半包络角
及水合物颗粒间相互作用力特征

$$-\frac{\mathrm{d}n_{\mathrm{H}}}{\mathrm{d}t} = K_{\mathrm{d}}A_{\mathrm{s}}(f_{\mathrm{eq}} - f) \tag{2-35}$$

式中 n_{H}——甲烷水合物晶体中所包络的摩尔数量，mol；

$\quad\quad A_{\mathrm{s}}$——水合物颗粒的表面积，$\mu\mathrm{m}^2$；

$\quad\quad K_{\mathrm{d}}$——分解常量，无量纲；

$\quad\quad f_{\mathrm{eq}}$——甲烷分子在三相平衡条件下的逸度，Pa；

$\quad\quad f$——甲烷分子在水合物表面的逸度，Pa。

其中，n_{H} 为由式（2-36）表达：

$$n_{\mathrm{H}} = N \cdot V_{\mathrm{P}} = \frac{4}{3}N \cdot \pi R^3 \tag{2-36}$$

式中 N——单位体积内甲烷分子数量，无量纲。

将式（2-36）及表面积表达式 $A_{\mathrm{s}} = 4\pi R^2$ 代入式（2-35）即可得到式（2-37）：

$$\mathrm{d}R = -\frac{K_{\mathrm{d}}}{N}(f_{\mathrm{eq}} - f)\mathrm{d}t \tag{2-37}$$

将式（2-37）积分，假设初始条件为 $t = 0$（水合物颗粒开始接触时计时）、$R = R_0$，则可得到式（2-38）：

$$R = R_0 - J \cdot t \tag{2-38}$$

式中，$J = -\dfrac{K_{\mathrm{d}}}{N}(f_{\mathrm{eq}} - f)$，$\mu\mathrm{m/s}$。

R_i 为水合物初始半径，$\mu\mathrm{m}$，$R_0 = R_i$。

由式（2-38）则可以将测试过程中水合物的持续分解纳入作用力模型之中，得出的水合物持续分解对作用力的影响见图 2-25。

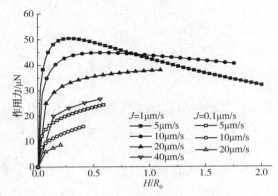

图 2-25　水合物分解速率对作用力的影响

本例假设水合物相互接触后开始分解，因此初始条件为 $R_0 = R_i$、$R_{r0} = 0$、$H = 0$。由图 2-25 可以看出，在较低分解速率（$J = 0.1\mu m/s$）条件下，水合物颗粒间相互作用力随着水合物间距的增加而增加；低的液桥拉伸速率（$v_p = 5\mu m/s$）条件下，生成的液桥体积更大，因此表现出更大的作用力。高分解速率时作用力变化趋势则有所不同，高的液桥拉伸速率条件下，作用力变化趋势与低分解速率条件下相似；而随着液桥拉伸速率的下降，水合物的分解会提供足量的自由水，因此液桥体积较大，在此情况下，作用力呈现先增大后减小的趋势。

2.6　本章小结

本章节采用自组装的水合物微观力测试装置，测试了水合物-液滴-水合物相互作用力，并对测试可靠性进行了验证，通过得出的数据分析了液桥固化及水合物分解等因素对作用力的影响规律。

采用抛物线模拟液桥轮廓，以毛管力和界面张力的力学分析为基础，建立了考虑液桥固化的作用力模型，对比实测结果，作用力模型可以较好地预测液桥轮廓、固化后的液桥轮廓以及水合物颗粒间的作用力。经敏感性分析，发现液桥固化、增加液桥体积或增大油水界面张力均可引起液桥毛细管力的增加。

建立了考虑水合物分解的作用力模型，若不考虑测试过程中水合物继续分解，在低液桥液量（液桥/水合物颗粒体积比 V_r）条件下，水合物颗粒间的相互作用力随着水合物间距的增大而减小；在高液桥液量条件下，水合物颗粒间的相互作用力随着水合物间距的增大而呈现先增大后减小的趋势；若考虑液桥拉伸过程中水合物的分解，则低分解速率时，作用力随着水合物间距的增加而增加；高分解速率则使作用力增大，低拉伸速率时作用力先增大后减小，高拉伸速率时，作用力随着拉伸过程逐渐增加。

参 考 文 献

［1］ Kako T, Nakajima A, Irie H, et al. Adhesion and sliding of wet snow on a super-hydrophobic surface with hydrophilic channels［J］. Journal of Materials Science, 2004, 39(2)：547-555.

［2］ Liu C, Li M, Chen L, et al. Experimental investigation on the interaction forces between clathrate hydrate particles in the presence of a water bridge［J］. Energy Fuels, 2017, 31(5)：4981-4988.

［3］ Brown E, Hu S, Wang S, et al. Low-adhesion coatings as a novel gas hydrate mitigation strategy［C］. Offshore Technology Conference, Houston, Texas, USA, 2017.

［4］ Wang L, Sharp D, Masliyah J, et al. Measurement of interactions between solid particles, liquid droplets, and/or gas bubbles in a liquid using an integrated thin film drainage apparatus［J］. Langmuir, 2013, 29(11)：3594-3603

［5］ Preuss M, Butt H. Direct measurement of particle-bubble interactions in aqueous electrolyte：dependence on surfactant［J］. Langmuir, 1998, 14(12)：3164-3174

［6］ Liu C, Li M, Chen L, et al. Experimental investigation on the interaction forces between clathrate hydrate particles in the presence of a water bridge［J］. Energy Fuels, 2017, 31(5)：4981-4988.

［7］ Aman Z M, Sloan E D, Sum A. K, et al. Lowering of clathrate hydrate cohesive forces by surface active carboxylic acids［J］. Energy Fuels, 2012, 26(8)：5102-5108.

［8］ Aman Z M, Olcott K, Pfeiffer K, et al. Surfactant adsorption and interfacial tension investigation on cyclopentane hydrate［J］. Langmuir, 2013, 29(8)：2676-2682.

［9］ Aman Z M, Brown E P, Sloan E D, et al. Interfacial mechanisms governing cyclopentane clathrate hydrate adhesion/cohesion［J］. Physical Chemistry Chemical Physics, 2011, 13(44)：19796-19806.

［10］ Brown E P, Koh C A. Micromechanical measurements of the effect of surfactants on cyclopentane hydrate shell properties［J］. Physical Chemistry Chemical Physics, 2016, 18(1)：594-600.

［11］ Brown E P, Study of hydrate cohesion, adhesion and interfacial properties using micromechanical force measurements［D］. Golden：Colorado School of Mines, 2016.

［12］ Liu C, Li Y, Wang W, et al. Modeling the micromechanical interactions between clathrate hydrate particles and water droplets with reducing liquid volume［J］. Chemical Engineering Science, 2017, 163：44-55.

［13］ Liu C, Li M, Chen L, et al. Experimental investigation on the interaction forces between clathrate hydrate particles in the presence of a water bridge［J］. Energy Fuels, 2017, 31(5)：4981-4988.

［14］ Liu C, Li M, Zhang G, et al. Direct measurements of the interactions between clathrate hydrate particles and water droplets［J］. Physical Chemistry Chemical Physics, 2015, 17(30)：20021-20029.

［15］Nicholas J W. Hydrate deposition in water saturated liquid condensate pipelines［D］. Golden：Colorado School of Mines，2008.

［16］Nicholas J W，Dieker L E，Sloan E D，et al. Assessing the feasibility of hydrate deposition on pipeline walls-adhesion force measurements of clathrate hydrate particles on carbon steel［J］. Journal of Colloid and Interface Science，2008，331(2)：322-328.

［17］Aspenes G，Dieker L E，Aman Z. M，et al. Adhesion force between cyclopentane hydrates and solids surface materials［J］. Journal of Colloid and Interface Science，2010，343(2)：529-536.

［18］Aman Z M，Dieker L E，Aspenes G，et al. Influence of model oil with surfactants and amphiphilic polymers on cyclopentane hydrate adhesion forces［J］. Energy Fuels，2010，24(10)：5441-5445.

［19］Willett，C D，Adams，M J，Johnson，S A，et al. Capillary bridges between two spherical bodies［J］. Langmuir，2000，16(24)：9396-9405.

［20］Darabi，P，Li，T W. Pougatch，K，et al. Modeling the evolution and rupture of stretching pendular liquid bridges［J］. Chemical Engineering Science，2010，65(15)：4472-4483.

［21］Payam，A F，Fathipour，M. A capillary force model for interactions between two spheres［J］. Particuology，2011，9(4)：381-386.

［22］Kelland M A. Production chemicals for the oil and gas industry［M］. Boca Raton：CRC Press，2009.

第 3 章　油气输送管线内水合物聚集防治研究

由第 2 章可知，当水合物颗粒间作用力由液桥力主导时，降低界面张力及液桥体积均可有效降低作用力，缓解水合物颗粒的聚集趋势。近年来，一种绿色生物改性类防聚剂 AA(见图 1-4)，因其在高含水条件下的优异性能，吸引了越来越多研究人员深入研究。大部分关于 AA 的研究主要基于 Rocking Cell 设备，且多为非恒压体系，因此有必要研究更苛刻条件(如恒压)下的防聚性能，同样也需要研究 AA 在更微观条件下的防聚作用机理。基于此，本章拟选用此 AA 防聚剂，借助自组装的微观力测量仪，从微观角度研究 AA 对油水界面特性及水合物间微观作用力的影响，并实际验证水合物分解对其聚集趋势的影响，在此基础上明确防聚剂 AA 的微观作用机制，最后研究 AA 在高压含盐等宏观条件下对水合物聚集趋势的影响，为水合物的防聚治理提供有益参考。

3.1　防聚剂 AA 对水合物微观作用力的影响

3.1.1　实验材料

1. 药品

环戊烷：本书中环戊烷纯度 96%，购自 Aladdin 公司。

防聚剂：选用椰子油酸酰胺改性物(AA，Lubrizol)作为防聚剂。AA 为天然提取物改性产品，绿色无生物毒性，其主要成分为椰子油酸酰胺丙基二甲胺(80%~89%，有效成分)、丙三醇(5%~10%)、少量游离胺及水。

蒸馏水：去离子水取自实验室净水系统(Continental Water System)。

2. 实验器材

微机械力测量仪(见图 2-1)。

油水界面张力仪(SL200KB，Kino Industry Co. Ltd.)。

3.1.2 实验步骤

1. 油水界面张力测试

界面张力采用 SL200KB 型油水界面张力仪，以环戊烷的防聚剂溶液、蒸馏水分别作为烃相和水相。在每次实验前，将适量的防聚剂 AA 溶于环戊烷相，然后放置于石英方槽中。实验中，将微量直射针管浸入环戊烷相中并在针管末端悬挂一水滴。水滴轮廓由界面张力仪配置的摄像头实时记录，采用图形处理软件 CAST 3.0 计算对应的油水界面张力值。实验中需要输入油水两相的密度等基本参数，假定 AA 对烃相的密度影响忽略不计。每组实验重复三次。

2. 含 AA 环戊烷体系中水合物颗粒间微观作用力测试

此实验中，水合物生成及水合物颗粒间作用力测试方法见图 2-7。测试之前需首先将防聚剂 AA 溶于环戊烷油相中。油水界面张力采用悬滴法测定。

3.1.3 实验结果与分析

1. 界面张力测试

环戊烷挥发性较强，测试时较低的室内温度有利于获得较为稳定的界面张力值。经校对，测试时的室内温度为 15℃。图 3-1 显示了环戊烷相中防聚剂加量为 0.01%（质量分数）时的油水界面张力值。由图中界面张力值数据可以看出，测试时间为 10min 时数据趋于稳定，为 12.4mN/m。

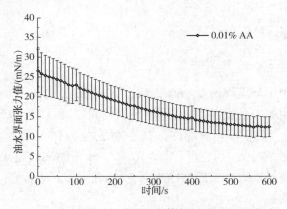

图 3-1　环戊烷-水界面张力值与测试时间的关系

2. 防聚剂 AA 对水合物微观作用力的影响

防聚剂种类众多，防聚剂对水合物防聚过程的影响尚无定论。Liu[1] 等经微观力测量仪测试发现，Span 80 可以吸附在水合物和液滴表面以提高界面稳定性；而当液滴受迫破裂后则会迅速包裹整个水合物颗粒，并迅速转化为水合物。因此，Span 80 能使水合物和水充分接触，促进水合物生成，反而不利于水合物防聚。AA 作为新型防聚剂，优异的防聚能力已被 Rocking Cell 等实验手段所证实，然而其微观作用机制尚有待进一步分析，有必要通过使用微观力测量仪继续研究。首先以 0.01%AA（占环戊烷相）为例，分析防聚剂 AA 对水合物微观作用力的影响。

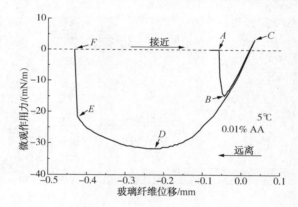

图 3-2　水合物-液滴-水合物相互作用力曲线

图 3-2 及图 3-3 显示了 5℃及 0.01% AA 条件下水合物-液滴-水合物交互作用及相应的显微照片。可以看出，作用力关系曲线与纯环戊烷相中的作用力曲线（见图 2-9）较为类似。较为明显的不同是，在加入 0.01% AA 后，作用力曲线 CD 段线性关系较弱，"弹簧"特点不再显著。这可能是由于加入防聚剂 AA 后油水界面张力的变化引起的：加入 AA 后，其分子主要吸附在环戊烷-水及环戊烷-水合物界面上，在液桥拉伸的过程中环戊烷-水界面面积逐渐增大，导致油水界面上分子吸附浓度的下降，若此时 AA 分子的吸附速率较慢则会造成油水界面上 AA 分子浓度的持续下降，造成界面张力不稳定，影响 CD 段作用力的线性关系；若此时液桥拉伸速率较慢，则环戊烷体相中的 AA 分子则会有足够的时间扩散到油水界面并稳定吸附，这种情况下油水界面的 AA 分子吸附浓度较为恒定，界面张力也趋于恒定，CD 段应呈现较为清晰的线性关系。正如在纯环戊烷体系中（见图 2-9），环戊烷-水界面上无界面活性物质，油水界面张力为恒定值，BC 段、CD 段微观作用力呈线性关系（直线）。此一理论与"Marangoni 效应"较为类似[2]，

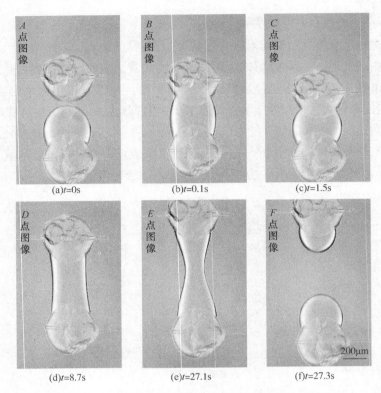

图 3-3　水合物-液滴-水合物作用力测试过程

界面面积的扩张引起界面上活性剂吸附浓度的梯度变化，此时活性剂则会从周围高浓度区域迅速扩散运移到低浓度区域，这一效应可以确保界面上活性剂吸附浓度的稳定。从以上分析可以得出，活性剂 AA 通过吸附于环戊烷-水界面来改变界面张力，在测试的过程中若无限度降低上方玻璃纤维的上行速度，给予 AA 分子足够的扩散与界面吸附时间，则作用力关系曲线应呈直线关系。

对比图 2-9，可以发现加入 0.01% AA 后(见图 3-2)，作用力最大值降低到了 30mN/m，降低幅度高达 74%。防聚剂 AA 具有一定的降低水合物颗粒间微观黏附力的效果，在实际环境中，水合物颗粒间则会因为流体剪切力存在而不易黏附聚结，从而降低了水合物颗粒的聚集趋势。黏附力的降低可能主要取决于油水界面张力的大小。

此外，对比图 2-10，也可以发现加入 0.01% AA 后(见图 3-3)，水滴在水合物表面的接触角有轻微增大，经 ImageJ 软件计算分析，AA 对水滴在水合物表面的接触角影响见表 3-1。由表 3-1 可以看出，加入 0.01% AA 后，水滴在环戊烷水合物表面的接触角明显增大。因此，接触角增大也可能是影响微观作用力的因素之一。

表 3-1　环戊烷相中防聚剂 AA 对水滴在水合物表面润湿角的影响

AA 浓度/%	静态接触角/(°)	前进角/(°)	后退角/(°)
0	59.44	62.18	33.55
0.01	74.28	98.25	43.24

为全面分析 AA 对天然气水合物防聚过程的影响，本次研究测试了不同浓度 AA 对水合物防聚过程的影响。具体分为低浓度范围(0~0.01%)和高浓度范围(0.1%~0.4%)。

1) 低浓度范围(0~0.01%)

在 0~0.01%范围内，本实验测试了环戊烷-水界面张力(15℃)及对应微观作用力(5℃)的变化，见图 3-4。可以看出，在低浓度范围内(0~0.8×10^{-4}%)，环戊烷/水界面张力保持恒定，为 52mN/m，少量 AA 分子尚不足以改变界面张力；一旦 AA 浓度超过 0.8×10^{-4}%，环戊烷/水界面张力开始急剧下降，到浓度为 0.3×10^{-2}%时已下降到 12.4mN/m；需注意的是，随着 AA 浓度的继续上升，环戊烷/水界面张力稳定在 12.4mN/m，不再有大幅变化。由图 3-5 可以看出，在浓度为 0.3×10^{-2}%时，环戊烷-水界面刚好完全被 AA 分子占据，继续升高 AA 浓度不会改变 AA 分子在油水界面的吸附浓度，因此高于此浓度后环戊烷-水界面张力不再变化。同时，也可以推测出，在浓度高于 0.3×10^{-2}%时，AA 分子可能会在油相中(AA 溶于油相)生成胶束。Delgado-Linares[3] 等将此类拐点浓度定义为临界聚集浓度(CCA, Critical Concentration of Aggregation)，即在环戊烷相中生成反胶束的临界浓度。

图 3-4 也展示了微观作用力随 AA 浓度变化的情况，在 AA 浓度较低时，微观作用力基本保持恒定；而当 AA 浓度增加到 0.8×10^{-4}%时，微观作用力开始急剧下降。至浓度增加到 0.3×10^{-2}%时，微观作用力已降至 30.1mN/m±3mN/m；此后，随着 AA 浓度的进一步增加，微观作用力保持恒定，不再显著变化。因此，从图 3-4 可以看出，环戊烷/水界面张力与微观作用力保持了基本同步的变化趋势，也因此预示着界面张力可能是控制微观作用力的主导因素。

图 3-5 展示了环戊烷/水界面张力与水合物-水-水合物相互作用力对应关系。由此图可以看出，环戊烷/水界面张力与水合物-水-水合物相互作用力呈一定的线性关系。由此可以得出，在低浓度范围内，AA 主要通过降低环戊烷/水界面张力来达到降低水合物聚集趋势的作用。

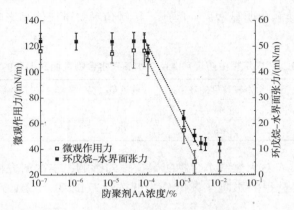

图 3-4　AA 对环戊烷/水界面张力及水合物-水-水合物相互作用力的影响

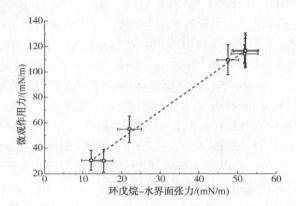

图 3-5　环戊烷/水界面张力与水合物-水-水合物相互作用力对应关系

2）高浓度范围(0.1%~1%)

鉴于防聚剂 AA 中有一定含量的副产物，如丙三醇(5%~10%)、游离胺及自由水等成分。这些副产物属于热力学抑制剂，在较低的 AA 浓度范围内，副产物的热力学效应可能不够明显。因此，本实验中拟提高 AA 剂量，以研究高剂量情况下防聚剂 AA 的作用特点。

实验中发现，当环戊烷相中 AA 浓度增加到 0.1%时，在环戊烷中的玻璃纤维上无法黏附液滴，由玻璃纤维引入液滴的方法不再有效，水合物表面也无法黏附水滴。两个水合物颗粒间已无法生成液桥。鉴于此，在其中一个机械臂末端固定一小块聚甲基丙烯酸甲酯(有机玻璃)，用以在环戊烷/AA 溶液中固定液滴；同时在另一根机械臂的玻璃纤维上生成一个水合物颗粒，生成水合物的方法同上。通过研究液滴与水合物颗粒之间的交互行为来探索高剂量防聚剂 AA 对环戊烷水合物微观特征的影响。

图 3-6 显示了 AA 剂量为 0.1%、0.2% 及 0.4%（质量分数）时，液滴与环戊烷水合物相互作用情况。由图 3-6（ⅰ）可以看出，在 AA 加量为 0.1% 时液滴和水合物无明显相互作用，液滴在受压迫的情况下依然在水合物表面无润湿行为。当进一步增加压迫力时，液滴会从水合物及平板间滑落，沉入环戊烷液相底部。由此可以看出，0.1%AA 在环戊烷水合物表面的吸附作用已显著改变了水合物表面的润湿性，使水合物颗粒由亲水转变为完全疏水。在此情况下，水合物颗粒将很难得到水相而继续增大，同时也显著限制了两个水合物颗粒间的相互作用，这对抑制水合物颗粒聚集非常有利。

如图 3-6（ⅱ）所示，当防聚剂 AA 的剂量增加到 0.2% 时，水合物颗粒表面有了一定程度的形变。而液滴与水合物表面的润湿行为与 0.1% 时一致，液滴与水合物颗粒间无任何润湿行为。基于以上观察可以得出，防聚剂 AA 浓度为 0.1%~0.2% 范围内时，其对水合物表面润湿性的改变是其作用机制的主要部分。

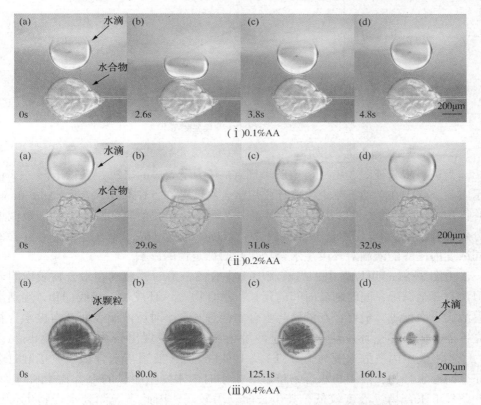

图 3-6　高浓度 AA 剂量时液滴与环戊烷水合物相互作用情况

当防聚剂剂量增加至 0.4% 时，由冰粒融化生成水合物颗粒的方法不再有效。如图 3-6(ⅲ)所示，玻璃纤维上的冰粒融化后没有转化为水合物，而是转化为液滴。此液滴在 0.4%AA 存在时无法稳定黏附在玻璃纤维上，最终会滑落并沉入容器底部。因此，0.4%AA 表现出了显著的热力学效应，使环戊烷水合物相平衡温度升高了。在此，有一个假设：热力学效应来源于防聚剂 AA 产品中的副产物丙三醇。在每次实验过程中，金属皿中的环戊烷(溶液)的加入量为 40g，针对图 3-6(ⅲ)所示情况，假设主要成分(椰子油酸酰胺丙基二甲胺)全部溶于环戊烷相，而丙三醇全部溶于液滴(直径为 520μm)，则液滴中丙三醇浓度为 11%~22%。根据 PVTSIM® 的计算结果，5℃ 情况下水溶液中生成环戊烷水合物时对应的丙三醇相平衡浓度为 14%，此一浓度与相平衡浓度相近，见图 3-7。

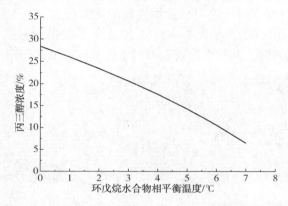

图 3-7　不同丙三醇浓度下的环戊烷水合物相平衡浓度

为进一步验证图 3-6(ⅲ)中防聚剂 AA 热力学效应的来源，进行了图 3-8 所示实验。首先在玻璃纤维上生成环戊烷水合物，并在 5℃ 条件下老化(Annealing) 4 个小时；随后将一液滴由微量注射器引入环戊烷相并使其润湿水合物。液滴中分别含有浓度为 0、10%、12%、12.2% 及 13% 的丙三醇，并通过实验考察含不同浓度丙三醇的液滴对环戊烷水合物颗粒的稳定性的影响。

由图 3-8(a)可以看出，当液滴中不含有丙三醇时，液滴在水合物表面附着但没有完全润湿，同时随着时间的延长，水合物-水-环戊烷三相线(TPC)逐渐沿着液滴表面推进。最终，在液滴与水合物接触 6 个小时后液滴表面基本被水合物壳覆盖。此条件下环戊烷水合物过冷度为 2.7℃，表现出较为强劲的生长驱动力。当液滴中丙三醇浓度为 10%(b)及 12%(c)时，液滴与水合物颗粒接触时会完全润湿水合物，液滴与水合物接触 6 个小时内未发生明显的水合物生长行为。此条件下水合物过冷度较低，其生长驱动力较弱，因此未观测到水合物生长行为。当液滴中丙三醇浓度为 12.2%（d）及 13%（e）时，观测到液滴对水合物颗粒有明显的失稳效应，水合物颗粒均在 40 分钟内完全解体。据此现象可以判断出，在 5℃条件下环戊烷水合物对应的水相中丙三醇的相平衡浓度接近 12%，与前面的计算及 PVTSIM® 得出的预测值相符。

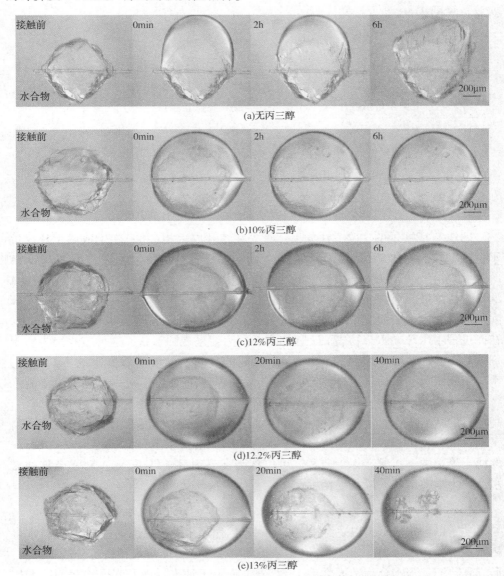

图 3-8　5℃条件下，液滴中丙三醇剂量对环戊烷水合物稳定性的影响

依据以上结果，可以得出在防聚剂 AA 剂量高于 0.4%时，其热力学效应将发挥主导作用，并且其热力学效应来源于其中的副产品：丙三醇。

由此推测，当浓度继续上升时，防聚剂 AA 的热力学效应会继续上升。这促使我们继续研究 AA 对已生成的水合物的影响。并为此开展了剂量浓度为 1%的实验，见图 3-9。

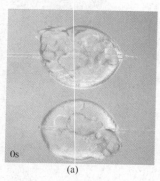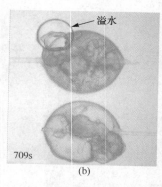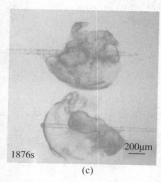

图 3-9　1%AA 对环戊烷水合物颗粒稳定性的影响

图 3-9 所展示的实验方法如下：首先在纯环戊烷相（36g）中生成两个环戊烷水合物颗粒，并在 5℃条件下老化 1h，见图 3-9（a）；随后，将 4g 浓度为 10%AA 的环戊烷溶液缓慢注入金属皿中的纯环戊烷中，搅匀，以此获得含 1%防聚剂 AA 的环戊烷溶液，见图 3-9（b）。可以看出，在防聚剂 AA 加入纯环戊烷相中的瞬间，水合物颗粒表面变得灰暗，同时有水珠从水合物颗粒表面溢出并逐渐增大。在此过程中水珠在水合物表面无任何润湿行为，呈现圆球状，这可能是因为防聚剂 AA 分子在水合物表面及环戊烷/水界面的吸附所致。随着溢水的不断持续，水珠不断增大，最后从水合物表面滑落，沉入金属皿底部。可以认为，由于溢水行为的持续，水合物壳内的水相不断被环戊烷/AA 溶液置换。如图 3-9（c）所示，高剂量的 AA 已使水合物不断解体或出现缺损。在溢水过程结束后，已没有自由水来供水合物生长。类似的防聚剂对水合物颗粒的溢水解体效应也出现在 Brown 的博士论文中[4]。基于以上研究，可以认为在高剂量条件下，AA 对水合物的溢水及热力学效应将发挥主导作用。

3. 防聚剂 AA 作用机理

基于以上实验，可以总结出防聚剂 AA 的作用机理，见图 3-10。在油气水多相体系中，在水合物生成之前，AA 分子吸附于油水界面将水相稳定分散于油相，形成乳状液；当水合物生成之后，AA 分子吸附于油水界面及水合物表面。在较低浓度范围内（如：0~0.01%），AA 主要通过降低界面张力来降低水合物颗粒间的液桥力，从而达到降低聚集趋势的效果；当浓度升高时，AA 分子在水合物表面的吸附显著改变水合物表面的润湿性，阻止了液桥的形成和液滴在水合物表面的润湿黏附；需要指出的是，当防聚剂 AA 浓度较高时，其热力学效应将增强，这得益于其副产物丙三醇；因而在高浓度条件下，AA 在水合物表面的吸附及其热力学效应将发挥主导作用。因热力学效应，水合物颗粒出现溢水、解体等过程，见图 3-10(b)；随着水合物转化完全，解体后的水合物解体为较细颗粒的水合物晶体，并分散于油相中，达到抑制水合物聚集的作用。

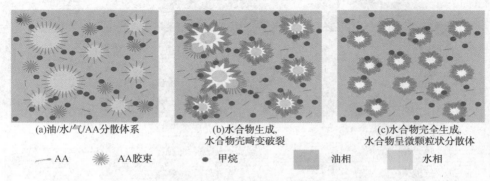

(a)油/水/气/AA分散体系　　　(b)水合物生成，　　　　　(c)水合物完全生成，
　　　　　　　　　　　　　　水合物壳畸变破裂　　　　　　水合物呈微颗粒状分散体

— AA　　　※ AA胶束　　　● 甲烷　　　油相　　　水相

图 3-10　防聚剂 AA 作用机理示意图

4. 水合物分解对其聚集影响

在一些文献中，含有 AA 的乳状液被证实具有较差的稳定性，油水相在静置后会急速破乳分层[5-7]。同时，一些学者也认为不是所有的防聚剂都有较好的乳化能力[8]。因此，可以合理地假设：AA 不属于性能优异的油包水乳化剂。

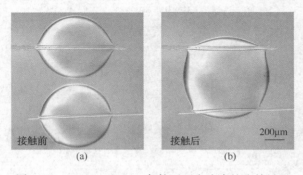

接触前　　　　　　　　　接触后　　200μm
(a)　　　　　　　　　(b)

图 3-11　5℃、0.1%AA 条件下两个液滴的聚并过程

图 3-11 显示的是，5℃、0.1%AA 条件下，两个液滴(由玻璃纤维上生成冰粒，随后置于环戊烷溶液中融化而得)可以聚并成一个大液滴，说明 AA 在油水界面的吸附并没有增强其机械强度或润湿特性，聚并仍会发生。在相平衡温度点

附近，水合物表层的融化使其被一层水膜包裹，水合物-油界面被水合物-水界面及油-水界面取代，此时的水合物颗粒可以被看作水滴分散相，在此情况下可以认为体系为油包水乳液。一个合理的担忧是，在含有一定量 AA 的油/气/水/水合物多相体系中，水合物的初期分解仍会导致其聚集。鉴于以上假设，本节探讨一个问题：AA 是否会影响由水合物分解引起的聚集。

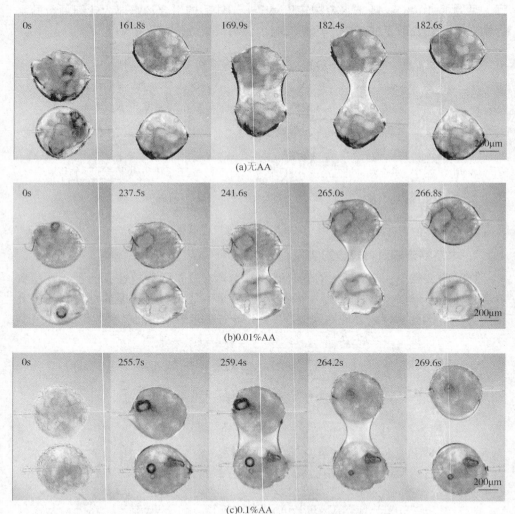

(a)无AA

(b)0.01%AA

(c)0.1%AA

图 3-12　不同 AA 浓度条件下水合物分解对其聚并过程的影响

　　如图 3-12 所示，首先在环戊烷(溶液)中生成两个水合物颗粒，随后缓慢升温至其相平衡点附近，升温速度控制为 2℃/h。待水合物表面出现融化现象后，使其相互靠近，观测是否有液桥产生，并测定两个水合物颗粒间的相互作用力。如图 3-12(a)所示，首先将两个水合物颗粒于 1℃ 条件下在环戊烷中老化 24h，以使其彻底转化为水合物颗粒，无水合物壳及水内核。待两个水合物颗粒出现融化时相互靠近，可观察到两个水合物颗粒表面的水膜转化为液桥。因为有毛细管力的存在，水合物表面的水层被"吸"到液桥中，当液桥断裂后，两个水合物仍被融化的水层完全包裹。这是目前首次从微观实验角度观察了水合物分解引起的聚集现象。图 3-12(b)所示的体系中包含 0.01%AA，水合物颗粒首先在此环戊烷/AA 溶液中(1℃)老化了 24h 以使水合物完全生成。在分解和接触的过程中同样观测到了液桥的存在，水合物分解引起了水合物的聚集，AA 的存在不能阻止此聚集过程。图 3-12(c)所示的环戊烷溶液中包含 0.1% 的 AA，水合物颗粒首先于此溶液中(1℃)老化了 7d，以使其完全转化为水合物，此时仍然可以观察到水合物分解引起的水合物聚集，0.1% 的 AA 仍无法阻止水合物颗粒的聚集。

有趣的是，在先前实验[见图 3-6(a)]中发现，当环戊烷溶液中 AA 浓度为 0.1% 时，液滴在水合物表面无任何润湿或铺展行为，而在同等防聚剂 AA 浓度的分解实验中却发生了水合物聚集。这似乎印证了 AA 在水合物表面的稳定吸附能力，以及在油水界面的较弱吸附能力，AA 无法有效增加油水界面的稳定性。这一假设促使我们寻求 AA 的协同剂来提高油水界面的稳定性，同时达到增强 AA 防聚能力的目的。这一假设的验证和实施会在后面章节有详细介绍。

3.2　水合物聚集防治研究

由第 2 章可以看出，微观力(MMF)测量仪可以直接测量水合物颗粒间的相互作用力，但是无法有效评价苛刻条件(高压低温)下防聚剂 AA 的防聚能力。众多高压设备中，环流设备(Flow Loop)比较接近实际油气生产环境，但是需要配制大量的模拟产出液和气体，因此对于室内研究条件来说其经济投入量过大；高压反应釜(Autoclave)通常为带有搅拌器的密闭槽，其可视性相较于蓝宝石高压摇摆槽(Rocking Cell)来说比较差，同时也需要配备几百毫升的模拟油及水；而高压摇摆槽只需要少量的反应液，通常情况一次实验所需不超过 50mL[9]。此外，摇摆槽里面的不锈钢球在实验过程中可以为流体提供额外的扰动，以模拟管道流体的剪切作用。另一个明显的优势是，蓝宝石摇摆槽的可视性非常好，可使操作人员全程观测水合物的生成、聚集、堵塞及分解等过程，非常有利于实验数据的解释。

当前，大部分防聚剂的一个明显缺陷是其在高含水(>50%)条件下的效能下降[13-16]。最近，一部分文献介绍了特定防聚剂在液相含水率为 80%～100% 时成功防止水合物聚集的案例。2009 年，Gao[10] 采用摇摆槽试验了一种新防聚剂对天然气水合物的防聚能力，发现在温度 34 ℉（1.11℃）、1000psi（6.89MPa）及 4% NaCl 条件下，含水率为 30%、60% 及 80% 时所需的该防聚剂的最低剂量分别为 1.5%、1% 及 3%。同时，在含水率为 80% 时，甲醇及防聚剂、NaCl 及防聚剂均表现出一定的协同效应。该文献没有介绍防聚剂的化学结构信息。这是除 AA 以外的唯一提到的能在高含水条件下工作的防聚剂。2016 年，Zhao[11] 发表在蓝宝石摇摆槽测试中，防聚剂 AA 可以在凝析油/天然气/碱水体系中有效工作的研究。在该项研究中 AA 可以在含水率 80%、压力 10MPa 下工作。因此，有必要借助摇摆槽继续研究 AA 在更低及更高含水率条件下的工作特性。

无机盐对防聚剂的性能也有显著影响。当前，水合物防聚过程中研究盐效应的文章发表的较多[12-23]，但含水率对盐效应的影响的文章尚无人发表。对于季铵盐类防聚剂，文献指出提高盐度及降低含水率均可提高其防聚效能。Nagappayya[21] 等研究发现，提高盐度可提高季铵盐类防聚剂的油溶性，同时也会降低离子型表面活性剂在水中的溶解度，而当活性剂倾向溶于油相时则会使油水体系形成油包水乳液，因此也会有助于提高季铵盐表面活性剂对天然气水合物的防聚效果。但是盐对季铵盐防聚剂的防聚效果尚无定论，已有文献指出[24]，Mg^{2+} 会降低季铵盐及鼠李糖对四氢呋喃水合物的防聚效果。对于非离子类防聚剂，很少有文献介绍盐对其水合物防聚效能的影响。Kelland[25] 等研究了烷基叔胺类表面活性剂的水合物防聚效果，发现海水中的盐分可以提高其防聚效果；当水相的盐度降低到 0.5% 时，此类活性剂无防聚效果。针对 AA，Sun[14] 等认为盐可以降低其水合物防聚能力；另一方面，考虑到盐的热力学效应，从而降低水合物转化率，因此在高含水条件下盐有利于提高防聚剂的防聚能力[15]。目前尚无系统的关于盐对于 AA 防聚效果的文章。

基于以上研究认识，本节拟以蓝宝石摇摆槽（Rocking Cell）为主考察 10%～100% 含水率范围内，恒定压力（10MPa）条件下盐对 AA 的甲烷水合物防聚性能的影响，并对其作用机制进行探索，以期为水合物防聚剂的应用提供一定的理论依据。

3.2.1 实验材料

1. 药品

防聚剂：AA，为一种椰子油酸酰胺类表面活性剂混合物，其成分为 80%～89% 酰胺活性剂（见图 1-3）、5%～10% 甘油、少量自由胺以及少量水。AA 由

Lubrizol 提供，使用前未纯化。由于 AA 成品中自由胺及甘油等含量较低，在此不考虑其对水合物相平衡特性的影响。试剂醇（Pharmco-Aaper）是一种低分子醇类混合物，含 90% 乙醇、5% 甲醇及 5% 异丙醇。NaCl 纯度 99.5%，购自 Sigma-Aldrich。实验中所用凝析油取自 Offshore Mexico，20℃ 时密度为 $0.757\mathrm{g/cm^3}$，其成分见表 3-2。凝析油黏温特性见图 3-13，其 20℃ 及 2℃ 时的黏度分别为 $0.93\mathrm{mPa\cdot s}$ 和 $1.26\mathrm{mPa\cdot s}$。去离子水购自 Fisher 公司，25℃ 时的 pH 范围为 5.5~7.5。

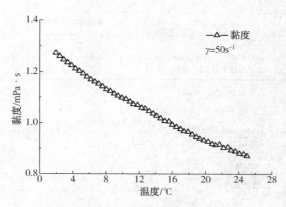

图 3-13　凝析油黏温特性

表 3-2　凝析油各组分分析

组　分	摩尔比例	组　分	摩尔比例
甲烷	0.0000	甲基环己烷	0.02147
乙烷	0.00067	甲苯	0.01661
丙烷	0.00057	正辛烷	0.06624
异丁烷	0.00049	乙苯	0.00584
正丁烷	0.00108	间/对二甲苯	0.01301
异戊烷	0.00146	邻二甲苯	0.00965
正戊烷	0.00201	壬烷	0.09414
正己烷	0.00874	癸烷	0.12405
甲基环戊烷	0.00506	十一烷	0.10465
苯	0.00399	十二烷	0.08869
环己烷	0.00859	十三烷	0.07793
正庚烷	0.02496	十四烷	0.05741

续表

组分	摩尔比例	组分	摩尔比例
十五烷	0.05301	二十三烷	0.00973
十六烷	0.03706	二十四烷	0.00861
十七烷	0.03354	二十五烷	0.00749
十八烷	0.02454	二十六烷	0.00568
十九烷	0.01724	二十七烷	0.00492
二十烷	0.01639	二十八烷	0.00366
二十一烷	0.01345	二十九烷	0.00290
二十二烷	0.01132	三十烷*	0.01315

注：* 所表分子相对分子质量为 550g/mol。

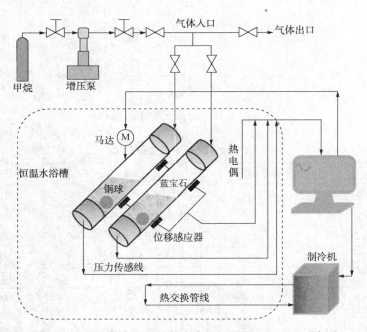

图 3-14 可视化高压天然气水合物振摇器（RCS-2）示意图

2. 设备

1）蓝宝石摇摆槽

蓝宝石摇摆槽（Sapphire Rocking Cell，RCS-2，PSL Systemance，Germany）是一种高压可视化设备，工作压力高达 20MPa，其装置结构如图 3-14 所示。蓝宝

石摇摆槽含有两根蓝宝石管，每个管内径为 0.5in(1.27cm)，容积为 20mL。每个管中含有一个不锈钢球，直径 0.4in(1.016cm)，便于振荡时提供额外的流体扰动。

如图 3-14 所示，该高压可视化振摇器分为四大单元，分别是供气系统、振摇单元、数据录制与处理系统以及控温系统。供气系统由高压甲烷气罐(甲烷纯度 99.99%)、增压泵(ISCO Pump)以及对应管线和控制阀组成；振摇单元由振动马达、水浴槽、蓝宝石样品管以及相应管线和控制阀组成；数据录制与处理系统由温度和压力传感器以及控制电脑组成，负责实验程序的编辑、执行以及数据记录；控温系统由一个外联循环水制冷仪组成，负责水浴槽温度的控制。实验过程中，当蓝宝石管左右摆动时，管内流体及钢球会往复运动，此时位移探测器会自动记录钢球从管的一端运动到另一端的时间。记录的运动时间越长代表管内流体黏度越高。

2) 紫外/可见光分光光度计

紫外/可见光分光光度计(XLS UV-Vis Spectrophotometer, Perkin Elmer Lambda)是测量溶液中物质含量的便捷办法。其可测波长范围为 190~1100nm，波长扫描范围为 200~950nm。测量时样品和参比的信号可自动校正，波长精度为 ±2nm。Lambda XLS 光度计采用脉冲氙灯光源，光点倍增管灵敏度极高。Lambda XLS 光度计便携性好，操作简便，稳定耐用。

3.2.2　实验步骤

1. 防聚剂 AA 甲烷水合物防聚性能测试

实验开始前，在每个蓝宝石管装液 10mL，由凝析油、水、表面活性剂及盐组成。装好后固定在连接马达的控制盘上，接上进气管线和压力传感线。关闭水浴槽门，充水以使液面高于蓝宝石管。将甲烷充入蓝宝石管，排空，重复三次以除去蓝宝石管和管线中的残余空气，借助气体增压泵使蓝宝石管中的甲烷压力保持在 10MPa。蓝宝石管由马达带动，左右各 45°来回转动，转动频率设置为 15 次/分钟。摆动过程中钢球来回滚动，可以促进液体的充分混合以模拟实际管道中的剪切流动。安装在蓝宝石管两端的钢球探测器可以检测钢球通过蓝宝石管的运动时间。运动时间长的对应高黏度的液体或浆液，时间越短对应黏度越低的液体或浆液。在每次实验初始阶段保持实验装置在室温条件下运行 30min 以使甲烷充分溶解在液相中，然后继续充入甲烷至 10MPa，将体系温度由室温恒速降至 2℃，降温速率设定在 4℃/h。随后，保持体系在 2℃ 的条件下持续运行 4h，模拟并观察水合物在蓝宝石管中的生成、聚集及堵塞等情况。温度设定在 2℃ 是因为海底温度一般为 2~4℃[26]。在降温及水合物生成期间中不定时补充甲烷气体，保持体系压力恒定在 10MPa。通常压力的突降代表水合物的生成。最后，以恒定升温速率(8℃/h)将体系温度升至初始温度，观察在升温过程中水合物分解及聚集堵塞状态的变化。在实验过程中实时记录蓝宝石管中的温度、压力及钢球单程运动时间。

2. 含 AA 油水乳液相态研究

选取 15mL 的平底样品瓶或离心管来盛装 10mL 的样品，所装样品与蓝宝石玻璃管装入样品类似，含凝析油、水、表面活性剂及盐等成分。装样前首先将活性剂及盐溶解于水得到水溶液，再与凝析油按比例装入离心管或样品瓶。实验温度设定在 20℃，考察含水率(10%~90%)、盐浓度等因素对乳状液稳定性的影响。实验前将样品充分摇匀，随后静置。观察并记录乳状液分层等现象。

3. AA 在油水两相分配关系

在油水乳液破乳分层后，下层水相中的 AA 含量由 Lambda XLS 紫外/可见光分光光度计测定。测试之前首先配置浓度为 0.01%、0.02%、0.04%、0.06%和 0.08%的 AA 水溶液，设定波长值为 250nm，测定各标准溶液的吸光度值，获得标准曲线。在油水乳状液破乳后，用移液管移除上层油相，再用微量注射器取样并用蒸馏水稀释 10 倍或 100 倍，放入样品池，测试各样品溶液的吸光度值。对照标准曲线，求出各盐含量条件下水相中防聚剂 AA 的浓度。

3.2.3 实验结果与分析

1. 防聚剂 AA 防聚剂性能测试

AA 的水合物防聚性能由水合物聚集堵塞情况及蓝宝石管中钢球的运动时间来判断。压力的突降代表着水合物的生成，而压力的跃升由手动注气、水合物分解及温度上升引起。钢球运动时间的跃升表示水合物生成引起的蓝宝石管内流体黏度上升，钢球运动时间下降则主要是水合物分解引起。水合物聚集状态大致分为三种，即浆液、半堵塞及堵塞，分别标记为"Yes""Yes[P]""No"。水合物堵塞表示 AA 防聚有效，反之则为无效。通常"Yes[P]"代表水合物部分沉积在蓝宝石管壁和(或)两端。

1) 低含水率(10%~20%)范围内 AA 防聚性能

设定 AA 加入量为 1%(占水相)，测定含水率 10%~20%条件下，盐对防聚剂 AA 作用效果的影响，结果见表 3-3。

由表 3-3 可知，含水率为 10%时，在无盐体系中 1% 的 AA 可以有效防止水合物发生聚集，生成的水合物浆液中水合物体积分数为 5%。当在水相中引入不同浓度(1%~10%)的氯化钠盐后,1%的 AA 无法有效阻止水合物发生聚集(见图 3-15)。将 AA 的浓度升为 2%后,在含盐条件下可以有效防止水合物聚集。在含水率为 20%时,水相中含盐对 1%的 AA 的影响有限,1%的 AA 可以有效抑制水合物堵塞的产生。4% NaCl+1% AA 条件下生成的水合物浆液中水合物体积分数为 12%。已有研究指出,提高水相中的盐度可以提高季铵盐的水合物防聚能力[15,19,21]。然而在本实验中,10%含水率时盐却降低了 AA 的防聚能力,原因将在后文的 AA 在油水两相分配关系实验以及油水乳液相态实验中分析。

表 3-3 低水率条件下 AA 在甲烷/凝析油/水溶液体系中的作用效果

水相/mL	凝析油/mL	含水率/%	NaCl/%	AA/%	有效性
1	9	10	0	1	Yes
1	9	10	1	1	No
1	9	10	10	1	No
1	9	10	4	2	Yes
2	8	20	0	1	Yes
2	8	20	6	1	Yes

(a)水合物浆液(1% AA)
水合物在油相呈均匀分散状态,
混合体系为水合物浆液

(b)水合物堵塞(1% AA+ 1% NaCl)
水合物聚集成块黏附在管壁上,
将管道堵塞,钢球被水合物包裹

图 3-15 10%含水率时水合物聚集堵塞状态

2)中等含水率(30%~80%)范围内 AA 防聚性能

Gao[23]的研究证实了在高含水条件下盐对水合物防聚能力有显著的影响。提高含水率至 30%~80%,设定防聚剂 AA 的加量为 1%,测定不同含水率条件下所需的有效盐浓度，结果见表3-4。在含水率为30%、50%和80%时，对应所需的最低有效盐浓度逐渐增加，分别为3%、4%及4%，防聚效果见图3-16。原因可能是水相中的盐的热力学效应，盐可以束缚水分子，降低水分子的活度，抑制水分子转化为水合物，降低浆液中的水合物体积分数，最后降低水合物堵塞风险。

表3-4　中等含水率条件下有效盐浓度与含水率关系

水相/mL	凝析油/mL	含水率/%	NaCl/%	AA/%	有效性
3	7	30	3	1	Yes
5	5	50	4	1	Yes
8	2	80	4	1	Yes

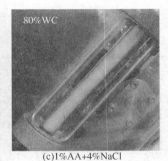

(a)1%AA+3%NaCl　　　　(b)1%AA+4%NaCl　　　　(c)1%AA+4%NaCl

图3-16　中等含水率条件下水合物浆液状态

图3-17显示了含水率为30%时，3% NaCl+1% AA条件下，蓝宝石管中压力、温度及钢球运动时间记录结果。由图可见，在水合物生成之前，钢球在管中的运动时间为200ms左右，管中压力因温度降低而均匀降低，为将压力保持在9.5~10.5MPa之间，在水合物生成之前补充了一次甲烷气，可以看到压力出现小幅跃升，数值恢复到10.23MPa。在6.66℃和10.14MPa时压力突降，表明此时开始生成水合物。此后，水合物继续生成，因此连续补充甲烷气体，压力曲线表现为锯齿状。随着混合体系中水合物体积分数逐渐上升，体系黏度增加，具体体现在钢球运动时间的跃升。当温度降到2℃后水合物不再生成时，钢球运动时间稳定在350~500ms之间；压力维持恒定，蓝宝石管中混合物为均匀水合物浆液，水合物体积分数为30%。随着温度上升，水合物分解后管内压力和温度升至13.45MPa和16.83℃，分解后钢球运动时间恢复至200ms，黏度降低。

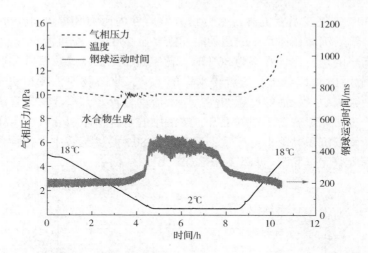

图 3-17　30%WC+4%NaCl+1%AA 条件下，蓝宝石管中压力、温度及钢球运动时间

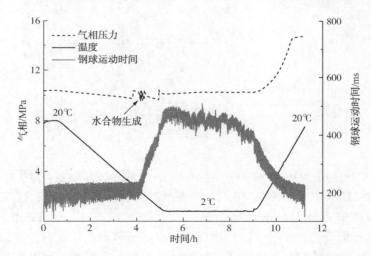

图 3-18　50%WC+4%NaCl+1%AA 条件下，蓝宝石管中压力、温度及钢球运动时间

图 3-18 显示了 50%含水率时，4%NaCl+1%AA 条件下，蓝宝石管中压力、温度及钢球运动时间记录结果。由图可见在水合物生成之前，钢球在管中的运动时间为 200ms 左右，管中压力因温度降低而均匀降低，为保持压力在 9.5～10.5MPa 之间，在水合物生成之前注了一次甲烷，在 6.1℃ 和 10.245MPa 时压力突降，水合物生成。此后，因水合物继续生成，混合体系中水合物体积分数逐渐上升，体系黏度增加，具体体现在钢球运动时间的跃升。当温度降到 2℃ 后水合物不再生成时，压力维持恒定，蓝宝石管中混合物为均匀水合物浆液，水合物体

积分数为30%。随着温度上升，水合物分解后管内压力和温度升至14.6MPa和14.5℃，分解后钢球在体系中的运动时间恢复至200ms，黏度降低。

需要指出的是，在含水率为80%时，蓝宝石管中的水合物浆液黏度将会急剧上升。由图3-16可以看出，随着含水率的上升，水合物浆液变得更黏稠。30%含水率时，浆液中凝析油的比例较高，浆液流动性较好，水合物在管壁的沉积黏附现象不严重；而随着含水率的上升，浆液中的水合物体积分数也急剧上升，水合物浆液的管壁沉积黏附也更严重；至含水率80%时，浆液中水合物颗粒基本已将蓝宝石管内壁完全黏附[见图3-16(c)]。

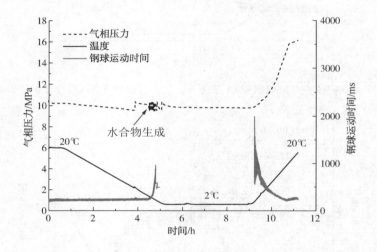

图3-19　80%WC+4%NaCl+1%AA条件下，蓝宝石管中压力、温度及钢球运动时间

图3-19显示了含水率为80%，助剂为4%NaCl+1%AA时，蓝宝石管中压力、温度及钢球运动时间的数据结果。水合物在4.75℃、10.11MPa时开始生成，钢球运动时间急剧上升，随后钢球运动时间不再测出。此时，可以观察到图3-16(c)中所示的黏稠水合物浆液。在蓝宝石管左右摇摆的过程中钢球运动较为缓慢，黏稠的浆液使钢球无法迅速通过整个蓝宝石管，没法检测其运动时间。经计算，此时浆液中水合物固相的体积分数已经达到了42%。基于实验观测，此种状态下仍然认为1%的AA可以防止水合物段塞的形成。

3）高含水率(90%~100%)范围内AA防聚性能

为进一步评价AA在更高含水率条件下的水合物防聚能力，特将含水率提升到90%~100%，以测试此条件下防聚剂AA与盐的最低有效浓度。这是目前唯一的测试如此高含水率范围的防聚剂防聚能力的实验。测试结果见表3-5。

表 3-5　高含水率条件下有效盐浓度与含水率关系

水相/mL	凝析油/mL	含水率/%	NaCl/%	AA/%	醇/%	有效性
9	1	90	11	1	0	Yes
9	1	90	10	1	0	Yes[P]
9	1	90	4	1	8	Yes
9.5	0.5	95	4	1	0	No
9.5	0.5	95	4	1	8	Yes
10	0	100	11	1	0	Yes
10	0	100	4	1	11	Yes

表 3-5 中数据显示，含水率为 90%，防聚剂 AA 浓度(质量分数)为 1%时，水相中至少需要添加 11%的盐；图 3-20(a)显示的是含水率为 90%，化学剂为 1%AA+9%NaCl 时的水合物聚集堵塞情况，此结果判定为"Yes[P]"。此时，该水合物浆液中的水合物固相体积分数为 33%。当水相中引入 8%的复合醇时，所需盐浓度可以降至 4%，说明盐离子、复合醇和 AA 有一定的协同效应，复合醇及盐都可以降低水合物转化率。

有趣的是，在含水率为 95%、化学剂体系为 1%AA+4%NaCl 时，在水合物生成之前蓝宝石管已被固体状乳状液彻底堵塞，钢球不再运动，初步判断是因为乳状液的絮凝现象所致，后面的乳状液实验中可以重复这种絮凝现象，将在后文详细分析。为此，在 1%AA+4%NaCl 的基础上引入 8%的复合醇，可以有效抑制水合物段塞的形成[见图 3-20(b)]。后面还将分析醇对乳状液絮凝效应的影响。

含水率为 100%，AA 剂量仍为 1%时，所需盐浓度升高到 11%，说明在含水率上升时，需要更多的盐离子来束缚水分子，以降低水合物转化率。关于各浆液体系中水合物体积分数，将在之后的章节中呈现。

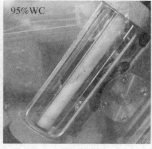

(a)1%AA+10%NaCl　　　(b)1%AA+4%NaCl+8%Alcohol　　　(c)1%AA+11%NaCl

图 3-20　高含水率条件下水合物浆液状态

由图 3-20(c)可以看出，100%含水率时，水合物呈均匀浆液。防聚剂分子在纯水相中具有优异的防聚能力，这项性能赋予 AA 特殊的应用前景，特别是在湿度较高的输气管道或是含水率超高的油气管道流动保障领域。

纯水条件下，振摇器(Rocking Cell)实验数据记录见图 3-21。图 3-21 展示了含水率为 100%、化学剂体系为 11%NaCl+1%AA 条件下蓝宝石管中压力、温度及钢球运动时间记录结果。由图可见，在水合物在 10.1MPa 和 2.7℃时生成，在水合物分解后管内压力和温度升至 13.82MPa 和 9.75℃。在整个实验中，钢球可自由运动。有趣的是，在水合物生成之前钢球运动时间有明显的升高，这表明管内防聚剂水溶液的黏度有明显提升。经查阅文献，黏度的上升可能是因为剪切作用，防聚剂分子形成了胶束。2013 年，经 Sun 及 Firoozabadi 测试，AA 在水中的临界胶束浓度(CMC)为(30±3)ppm(0.003%)[14]。实验中的 AA 浓度质量分数为 1%，已远远超过其临界胶束浓度。在水溶液中，胶束可随表面活性剂浓度的增加由球形转变为椭球形或其他形状，并使胶束溶液呈现独特的黏弹特性。在此种实验条件下，AA 胶束的存在足以改变 AA 水溶液的流动特性，导致溶液黏度升高。实验中观察到，当水合物开始生成时钢球运动时间瞬间降到 200ms，表明 AA 水溶液的黏度突然下降。这可能是因为 AA 胶束的解体引起的，由于防聚剂 AA 分子在水合物表面的强吸附特性，水合物的生成引起胶束的解体，因此也降低了混合体系的黏度。对于防聚剂分子在水合物表面的强吸附特性，Sun[14]给出过合理的解释，其他学者也从分子动力学的角度给予了解释[18]。AA 分子在水合物表面的强吸附特性是由于水合物表面相比水分子有更低的介电常数，水合

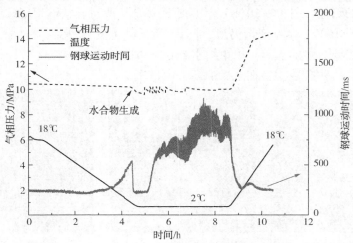

图 3-21   100%WC+11%NaCl+1%AA 条件下，蓝宝石管中压力、温度及钢球运动时间

物及水在 0℃时的介电常数分别为 58 及 88。Jimenez-Angles 及 Firoozabadi[18]通过分子动力学模拟对 AA 在气体水合物表面的吸附特性进行了验证。随着水合物生成的进行,水合物体积分数逐渐上升至 26%,体系黏度增大,钢球运动时间由 200ms 增加至 1000ms。在此过程中钢球在管内运动顺畅,说明了水合物浆液此时具有良好的流动特性。

这是目前发现的唯一可在纯水相中实现水合物防聚能力的防聚剂。该防聚剂由 Sun 及 Firoozabad 首先应用于抑制水合物聚集,并发现可在 100%含水率的体系中抑制水合物段塞的形成。他们的研究是在恒容条件下实现的,比恒压实验容易实现。恒压条件下的相平衡条件可有公式(3-1)计算[27],纯水相及 10MPa 甲烷条件下,水合物相平衡温度与水相中盐浓度的关系见图 3-22。

$$\frac{1}{T_w} - \frac{1}{T_s} = \frac{6008n}{\Delta H}\left(\frac{1}{273.15} - \frac{1}{T_{fs}}\right) \tag{3-1}$$

式中　T_w——纯水条件下水合物相平衡温度,℃;

　　　T_s——含盐条件下气水两相体系中水合物相平衡温度,℃;

　　　T_{fs}——盐水的结冰温度,℃;

　　　n——甲烷分子的结合水数目,无量纲。

对于甲烷,系数 $6008n/(\Delta H)$ 为 0.665[27]。

由甲烷水合物相平衡图 3-22 可知,在 2℃、10MPa 压力作用下,水合物的相平衡时对应的盐浓度为 19%,而实验中测得,氯化钠加量为 11%时即可有效抑制水合物堵塞的形成,说明 1%的 AA 可以有效降低氯化钠的用量,呈现一定的协同效应。

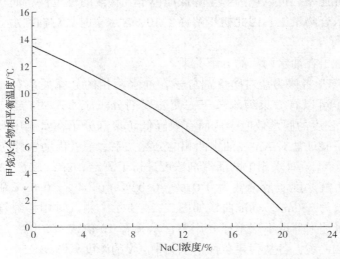

图 3-22　10MPa 下,盐对甲烷水合物相平衡的影响

2. AA 在油水两相分配关系

1）低含水率（10%）是乳液稳定性能

为探究 10%含水率时盐降低 AA 防聚性能的原因，本节开展了系列乳状液实验。实验在室内环境进行。实验中设定防聚剂的加量为 1%（占水相）、含水率为 10%，水相中的盐浓度分别为 0、1%、2%、4%、6% 及 8%，剧烈振荡 5min 后静置并观察，如图 3-23 所示。

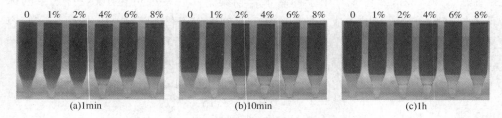

图 3-23　乳状液稳定性示意图

由图 3-23 可知，实验中所有油水混合物在振荡后形成的乳状液极不稳定，静置 1min 内即产生油水分离，防聚剂 AA 的乳化效果不佳。同时，盐浓度高的样品油水分离速度更快，10min 时所有样品油水分层即可完成，不同的是不含盐的乳状液分层后下层为均匀而稳定的油包水乳状液，上层油相接近纯油相；而含盐的样品油水分层后下层接近纯水相，上层接近纯油相，油水分离较为彻底。下层的油包水乳液类型由乳液在水相中的不溶性判断得出。可以看出，盐促进了油水乳液的破乳速率。可以认为：盐降低油包水乳状液的稳定性，而稳定的乳状液有利于抑制水合物聚集，因此初步解释了 10%含水率时盐对抑制水合物聚集的不利影响。

2）AA 分子在油水两相的分配关系

York[24] 等学者认为盐对防聚剂分子在油水两相的分配关系有显著影响，水相中的盐离子可以有效束缚水分子，使防聚剂分子亲水基团（羟基、酰胺及胺等）产生一定程度的脱水效应，从而有效降低防聚剂分子在水相中和油水界面上的分布。为了验证盐对 AA 在油水两相的分配关系，笔者借助紫外光谱仪（Perkin Elmer Lambda XLS）对水相中的活性剂浓度进行了测定。首先测定 AA 水溶液的吸光度，选用溶液浓度质量分数为 0.01%、0.02%、0.04%、0.06% 和 0.08%，设定的吸收波长为 250nm。标准曲线如图 3-24 所示。测试时用移液管移除上层油相，再用微量注射器取下层水样并用蒸馏水稀释 10 倍或 100 倍，放入样品池测试。对照标准曲线，各盐含量条件下水相中 AA 的浓度见图 3-25。

图 3-25 显示，随盐含量增加，水相中的 AA 含量逐渐减少，因此水合物在

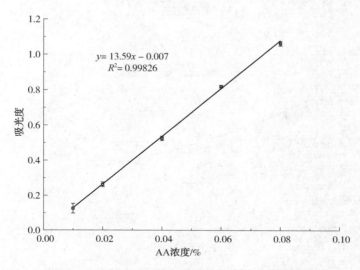

图 3-24　紫外光谱法测定防聚剂 AA 溶液标准曲线

油水混合体系中生成时，由于体系中水相不能被乳化分散在油相中，因而水相呈自由相，不利于水合物防聚；同时因无机盐的存在，水相中防聚剂分子数量很少，水合物在水相中生成时没有足够的防聚剂分子充分吸附在水合物晶体表面，使防聚剂防聚性能变差。图 3-25 合理地解释了表 3-3 中，含水率为 10% 时盐对防聚剂 AA 的不利影响。York[12,22] 等学者报道了盐离子对非离子表面活性剂（鼠李糖）的副作用，他们认为"盐效应"使得鼠李糖分子的亲水基团存在脱水效应，不能稳定吸附在相界面上，从而降低了鼠李糖分子的抑制水合物聚集的能力。York 的理论解释在本实验中得到了验证。

3. 含 AA 油水乳液相态研究

1）10%~90%含水率

与离心管中配置乳液方法类似，采用相同办法在样品瓶配置乳状液，每个样品中 AA 浓度为 1%，含水率 10%~90%，不含盐（见图 3-26）。实验中发现乳状液的稳定性含水率影响极大。含水率在 10%~80% 范围时，乳状液为油包水乳状液。含水率上升时，乳状液稳定性能有所提高，而且液滴之间也会形成网状结构。乳状液制备 1min 后，10%~40% 含水率的乳状液已经分为两层。而含水率在 50% 以上的乳状液仍均匀稳定，这可能与乳状液絮凝有关（见图 3-27）。随着静置时间的延长，各乳状液开始出现分层，上层为凝析油相，下层为油包水乳状液。80%含水率的乳状液最稳定，静置时间为 1h 仍未均匀乳液。含水率为 90%时，乳液为水包油型，可以观察到乳液絮凝体（见图 3-27），在静置 24h 后絮凝

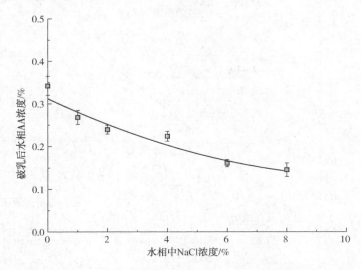

图 3-25　盐对油水体系中水相 AA 分子浓度的影响

体解体，下层出现自由水相，上层为油相。总体上油包水型乳液更有利于提高防聚剂的水合物防聚性能。

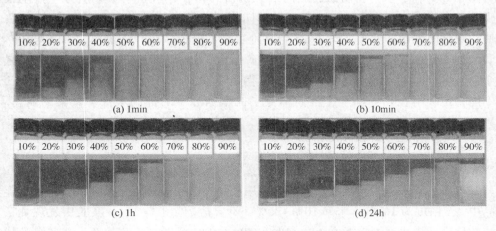

图 3-26　不同含水率条件下乳状液油水分布状态

为深入观察各含水率条件下乳状液的微观形态，采用了莱卡显微镜（Leica DM4000）进行观察。由图 3-27 可以看出，当含水率低于 20% 时，液滴以单个个体分散在凝析油相中；而当含水率增加时，液滴的尺寸有所减小；当含水率增加到 50%~60% 时，液滴开始相互接触，并有形成团簇的趋势；当含水率继续上升到 70%~80% 时，液滴尺寸普遍较小并形成比较紧凑的团簇体；当含水率升高到

90%时，液滴尺寸进一步减小，并形成致密团簇，这可能是由于分散相液滴存在的絮凝作用，乳状液呈弱凝胶状。

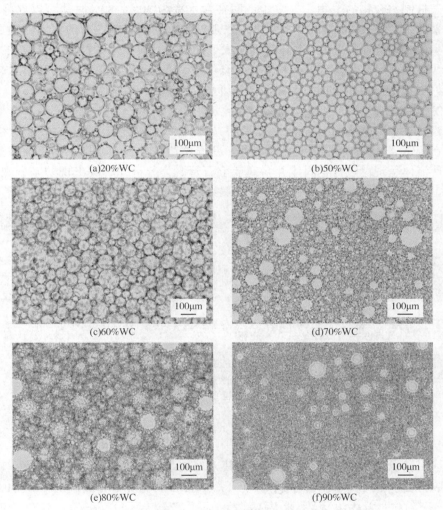

图 3-27　不同含水率乳状液显微图片

接下来考察盐对不同含水率乳液的稳定性能的影响。图 3-28 与图 3-26 中样品类似，唯一不同是图 3-28 的每个样品中盐浓度质量分数为 4%。结合图 3-26可知，盐对可以降低油包水乳液的稳定性，同时可以增加水包油乳液的稳定性。对于含盐的油包水乳液，盐可以加速乳状液分离，含水率为 10%~40% 的乳液在静置 10min 后下层即接近纯水相。在含水率高于 50% 时，因乳状液的分散相絮凝呈网状结构，油水分离不易彻底。

在这里需要指出的是，尽管乳状液实验表明盐降低了油包水乳液的性能，这不利于抑制水合物的聚集，但实验证明在含水率为30%~80%时盐可以提高 AA 的防聚效果。在 Rocking Cell 实验中可以观察到，蓝宝石管内的油水混合物在水合物生成之前均在振荡及 AA 作用下形成了油包水乳液，水相被均匀分散在凝析油相。说明此时乳状液稳定性相对于水合物防聚不是主要控制因素，盐对水合物的热力学抑制作用才是抑制水合物聚集堵塞的关键。

2）95%含水率

当含水率为95%时，乳液外观性质与较低含水率的乳液不同。含水率为95%时，在测试 AA 水合物防聚性能实验中，水合物生成之前油水体系即出现絮凝现象，使流体呈现白色膏状固体并堵塞蓝宝石管。为分析并解决出现的絮凝现象，特在室温常压条件下由样品瓶重复这一絮凝过程。

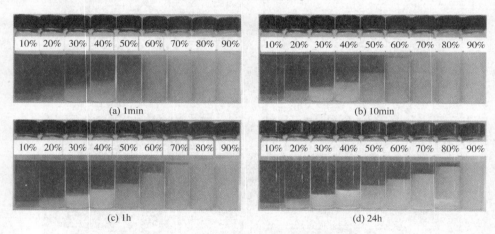

图 3-28　不同含水率条件下乳状液油水分布状态

选用容积为 15mL 的样品瓶，并在其中配制总体积为 10mL 的混合液，其具体参数为含水率为95%AA 质量分数为1%、NaCl 浓度质量分数依次为0、4%及10%。配制前，首先将 AA、水及 NaCl 配成水溶液，再与凝析油一并装入样品瓶。经手动振荡约30min 制备乳状液，振荡时可发现轻微振荡后即出现水包油型乳状液，静置后则很快破乳分层。而在剧烈振荡约30min 时，则会出现絮凝体，油水混合物由流体状转变为白色固体膏状物，见图3-29（a）。图3-29 中各乳液添加化学剂组成依次为不含盐（Ⅰ）、4%NaCl（Ⅱ）、10%NaCl（Ⅲ）、8%醇（Ⅳ）及 4%NaCl+8%醇（Ⅴ）。

有文献指出，多种非离子乳化剂乳化的乳状液均可出现絮凝现象[28]。一种

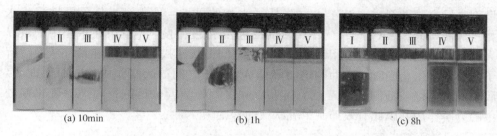

(a) 10min　　　　　　　　(b) 1h　　　　　　　　(c) 8h

图 3-29　95% 含水率时乳状液絮凝状态随静置时间变化

基于活性剂胶束絮凝(Micelle depletion)的理论可以解释由非离子活性剂为乳化剂的乳状液胶凝/膏状固化现象[29-34]。基于此胶束絮凝理论(图 3-30),在水包油乳液中,两个分散相油滴之间的胶束存在挤出效应,并因此成为乳状液絮凝的驱动力。由图 3-29(a)可以看出,在含水率为 95% 时,常温常压条件下乳状液在剧烈振荡后出现了絮凝现象。样品瓶中的混合物在絮凝后呈现黏稠膏状,并黏附在容器内壁上。同时,这些絮凝体呈现出了较高的稳定性。2016 年,Liu[33] 等人也发现由水合物防聚剂 Arquard 2HT-75 乳化的乳状液(含水率 75%)出现的强烈絮凝现象,他们发现絮凝后乳状液基本呈固体形态。

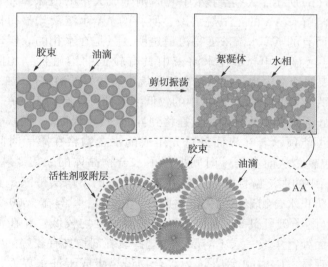

图 3-30　乳状液絮凝过程示意图

2012 年,Sun 与 Firoozabadi 在由鼠李糖作为水合物防聚剂的实验中发现,在溶有鼠李糖的水包油乳液中加入一定分子尺寸的醇助剂可以提高其稳定性[13]。在本项实验中,如图 3-29(样品瓶Ⅳ、样品瓶Ⅴ),可以发现在含水率为 95% 的乳液中引入醇助剂可以有效抑制乳液絮凝。一个合理的解释是,在乳液中加入醇

83

助剂之后，醇助剂主要溶于水并降低了水相的极性，使得 AA 分子更易溶于水相，从而增大了 AA 分子在水相中的临界胶束浓度，使 AA 胶束在水相中的数目大大减少，也因此降低了相邻分散相油滴之间形成网状结构的可能性，从而缓解了絮凝的产生。同时，醇助剂也会降低 AA 分子之间的疏水作用，因而促进 AA 胶束的解体以及抑制乳液絮凝。Dickinson[31-32]等学者也讨论了醇类对乳化剂胶束的分解作用并因此有效抑制了乳状液的絮凝。

3）100%含水率

在前面的 Rocking Cell 实验中发现，含水率为100%时蓝宝石管内的流体在水合物生成之前出现黏度上升现象，一个合理的解释是含1%AA 的水溶液中出现了胶束，并因此改变了管内流体的流动特性。为此，对 AA 在水中及正辛烷中的溶解特性进行了考察。如图 3-31 所示，在室温条件下将不同浓度的 AA 溶于正辛烷和水中，剧烈振荡 2min 后静置。由实验可以发现，AA 在正辛烷中的溶解度极好，在浓度（质量分数）低于 0.4% 时溶液为无色透明；当 AA 浓度（质量分数）上升到 1% 时，溶液在振荡后透明度稍降，溶液上层没有观察到泡沫的生成。在静置 24h 后，所有正辛烷的 AA 溶液均变得澄清透明，这说明 AA 具有较好的油溶性。如图 3-31（b）所示，AA 溶于水中之后则生成大量的泡沫，并于静置 24h 之内消失。相比溶解有 AA 的正辛烷溶液，所有的 AA 水溶液均显得比较浑浊。在静置 24h 后，所有的 AA 水溶液变得澄清透明，只是在水相的表层形成一层富含 AA 的不溶层，这显示出 AA 在水溶液中具有较低的溶解性。2014 年，Sun 和 Firoozabadi 发表的论文中也证实 AA 在正辛烷中有较好的溶解性[35]。

在含水率为 100% 时，AA 在水中的较低溶解性可能有利于其在水相中生成胶束并促进 AA 分子从水相体相中逐渐迁移到界面（气水界面），而水合物最先生成于界面处。这可能预示着在界面处首先生成的水合物将在第一时间被界面上的 AA 分子吸附包裹，从而在第一时间抑制了水合物晶体的聚集。基于以上分析，AA 分子在水相中的弱溶解性，以及其在界面生成的不溶层可能是其在纯水相条件下依然能够防止水合物聚集的关键。此外，Kelland[36]等在 2009 年也发现部分水合物防聚剂（醚类破乳剂）在水相及烃相的溶解度均较低，并在油水混合物静置后与油水界面处富集成一层不溶层，而这些破乳剂均具有较好的水合物防聚性能。基于这些观察，Kelland 等人认为水合物最早生成于油水界面，并首先被界面处的防聚剂富集层吸附包裹，从而在第一时间内抑制了水合物的聚集。

在图 3-31（b）中，防聚剂也在水相-气相界面生成了不溶层。因此，可以认为，AA 在水中（含水率为 100%）的防聚机理与 Kelland 所提出的破乳剂类水合物防聚剂作用机理类似。图 3-32 是基于以上假设绘制的 AA 在水相条件下的作用机理。如图 3-32 所示，在气水两相中，AA 因在水相中的低溶解性而主要分布于

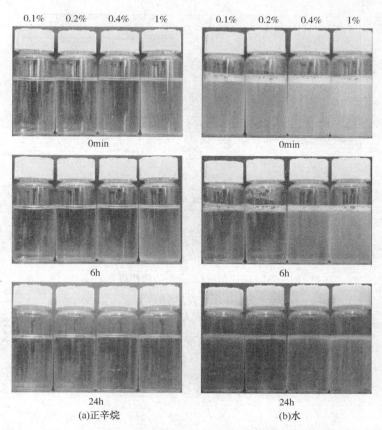

图 3-31　含 0.1%、0.2%、0.4% 及 1%AA 的正辛烷溶液(a)及水溶液(b)外观形态

气-水界面，当气-水界面被 AA 分子挤占完全后，剩余的 AA 在水相中形成一定量的胶束；同时，少量的气体作为分散相溶解于水相，气泡与水相的界面也吸附有大量的 AA 分子。当水合物首先在相界面生成时，位于界面上的 AA 分子第一时间将水合物晶体吸附并包围，从而抑制了水合物聚集成块的趋势。

3.2.4　水合物浆液中水合物体积分数计算

水合物体积分数可以根据蓝宝石管内凝析油相的组成及水合物分解完全时的温度压力数据算出。以下是水合物体积分数的计算实例。

用气体状态方程[Peng-Robison Equation of State，式(3-2)][37]得出甲烷在蓝宝石管内气相中的摩尔浓度 V_m。

$$p = \frac{RT}{V_m - b} - \frac{a\alpha}{V_m^2 + 2bV_m - b^2} \tag{3-2}$$

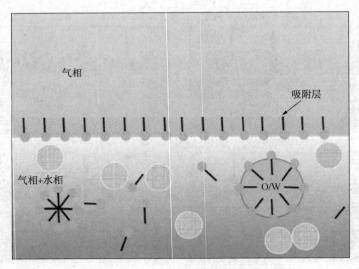

图 3-32　水相中的水合物防聚机理示意图

$$a = \frac{0.457235R_2T_c^2}{p_c} \tag{3-3}$$

$$b = \frac{0.077796RT_c}{p_c} \tag{3-4}$$

$$\alpha = \left[1 + \kappa(1 - \sqrt{T_r}) \right]^2 \tag{3-5}$$

$$T_r = \frac{T}{T_c} \tag{3-6}$$

$$\kappa = 0.37464 + 1.54226\omega - 0.26992\omega^2 \tag{3-7}$$

式中　　p——蓝宝石中气相压力，MPa；

　　　　R——气体常数，为 8.3145J·K^{-1}·mol^{-1}；

　a、b——甲烷临界温度（T_c）及压力（p_c）对应的参数，无量纲；

　　　　T——蓝宝石管内流体温度，℃；

　　　V_m——甲烷摩尔体积，cm^3/mol；

　　　　T_r——当前温度与临界温度的比值，无量纲；

　　　　κ——气体状态方程系数，无量纲。

　　在蓝宝石管内，假设只有极少量烷烃在低温高压条件下，从蓝宝石管内液相中挥发到气相中。据此假设，则气相中的烃气只有甲烷。甲烷在蓝宝石管内气相中的分子数量可以由式（3-8）计算出。

$$n_{gc} = \frac{V_g}{V_m} \tag{3-8}$$

式中　V_m——甲烷分子在气相中的摩尔密度，mol/cm^3；

　　　V_g——气相体积，mL。

由于蓝宝石管内容积恒定，则存在如下关系：

$$V_{cell} = V_w + V_g + V_o + V_{hydrate} \tag{3-9}$$

式中　V_{cell}——蓝宝石管的容积，为 20mL；

　　　V_w——水相体积，mL；

　　$V_{hydrate}$——蓝宝石管内的水合物体积，mL；

　　　V_o——凝析油相体积，mL。

V_o 可由式（3-10）计算出：

$$V_o = \frac{n_{oc} \cdot M_{CH_4} + m_{condensate}}{\rho_o} \tag{3-10}$$

式中　ρ_o——凝析油相密度，由闪蒸计算得出，g/cm^3；

　　　n_{oc}——甲烷在凝析油相中的溶解量，mol；

$n_{condensate}$——凝析油相中各组分在凝析油相中溶解量之和，mol；

　　M_{CH_4}——甲烷的相对分子质量，无量纲；

$m_{condensate}$——凝析油的质量，g。

n_{oc} 可由式（3-11）计算出：

$$n_{oc} = n_{condensate} \times \frac{x_{CH_4}}{1 - x_{CH_4}} \tag{3-11}$$

式中　x_{CH_4}——相平衡条件下甲烷分子在凝析油相中的摩尔分数，无量纲，由闪蒸计算得出。

甲烷分子生成水合物的水合数为 6，即甲烷水合物的分子式为 $CH_4 \cdot 6H_2O$[120]。甲烷水合物与水的密度分别设定为 $0.91g/cm^3$ 及 $1g/cm^3$[38]。假设水相中的甲烷溶解量忽略不计。

基于以上假设，水合物完全生成后浆液中的水合物体积及体积分数可由式（3-12）及式（3-13）计算得出。

$$V_{hydrate} = \frac{\Delta(n_{gc} + n_{oc}) \times M_{CH_4 \cdot 6H_2O}}{\rho_{CH_4 \cdot 6H_2O}} \tag{3-12}$$

$$\phi_H = \frac{V_{hydrate}}{V_{hydrate} + V_w + V_o} \tag{3-13}$$

式中　$\Delta(n_{gc} + n_{oc})$——在水合物溶解前后甲烷在气相及凝析油相中的摩尔量之差，mol。

$\Delta(n_{gc} + n_{oc})$ 也即在 2℃、10MPa 条件下甲烷水合物生成量，mol。

以含水率为 50% 的实验(见图 3-28)为例,介绍水合物体积分数的计算方法。在图 3-28 实验中,5mL 的凝析油(0.757g/mL)及 5mL 的水相在室温条件(20℃,0.1MPa)下装入蓝宝石管。则凝析油的质量为 3.785g。凝析油相中各组分总的物质量为 0.0213mol,具体各组分物质量见表 3-6。由图 3-28 可以看出,在水合物分解完成后,蓝宝石管内的温度压力升至 14.5℃ 及 14.6MPa。由闪蒸计算可以得出甲烷在凝析油相中摩尔分数为 0.4777,此时凝析油相的密度为 0.6595g/mL。则甲烷在油相中的总溶解量 n_{oc} 为:

$$n_{oc} = n_{condensate} \times \frac{x_{CH_4}}{1 - x_{CH_4}} = 0.0195 \text{mol} \tag{3-14}$$

凝析油相的体积为:

$$V_o = \frac{n_{oc} \cdot M_{CH_4} + m_{condensate}}{\rho_o} = 6.213 \text{mL} \tag{3-15}$$

表 3-6   50% 含水率实验中蓝宝石管中凝析油各组分摩尔量

组 分	$x/\%$	$n/10^4 \text{mol}$	组 分	$x/\%$	$n/10^4 \text{mol}$
甲烷	0	0	十一烷	10.465	22.3128
乙烷	0.067	0.1428	十二烷	8.869	18.9099
丙烷	0.057	0.1215	十三烷	7.793	16.6157
异丁烷	0.049	0.1045	十四烷	5.741	12.2406
正丁烷	0.108	0.2303	十五烷	5.301	11.3025
异戊烷	0.146	0.3113	十六烷	3.706	7.9017
正戊烷	0.201	0.4286	十七烷	3.354	7.1512
正己烷	0.874	1.8635	十八烷	2.454	5.2323
甲基环戊烷	0.506	1.0789	十九烷	1.724	3.6758
苯	0.399	0.8508	二十烷	1.639	3.4946
环己烷	0.859	1.8316	二十一烷	1.345	2.8677
正庚烷	2.496	5.3219	二十二烷	1.132	2.4136
甲基环己烷	2.147	4.5777	二十三烷	0.973	2.0746
甲苯	1.661	3.5415	二十四烷	0.861	1.8358
正辛烷	6.624	14.1233	二十五烷	0.749	1.5970
乙苯	0.584	1.2452	二十六烷	0.568	1.2111
间/对二甲苯	1.301	2.7739	二十七烷	0.492	1.0490
邻二甲苯	0.965	2.0575	二十八烷	0.366	0.7804
壬烷	9.414	20.0719	二十九烷	0.290	0.6183
癸烷	12.405	26.4492	三十烷 *	1.315	2.8038

注:* 所示分子的相对分子质量为 550g/mol。

在 14.5℃及 14.6MPa 条件下气相中甲烷气体的偏心因子 ω 为 0.011、临界温度 T_c 为 190.56K、临界压力为 4.5987MPa[39]，将上述参数代入式（3-2）至式（3-6）可得各系数 κ、T_r、a、b 及 α 依次为 0.3916、1.5095、0.2069、2.6805×10⁻⁵ 及 0.8290。在将各系数值代入式（3-3），求解方程可得甲烷的摩尔密度为 126.60cm³/mol，其压缩因子为 0.7729。则此条件下气相体积为：

$$V_g = V_{cell} - V_w - V_o - V_{hydrate} = 8.7872\text{mL} \tag{3-16}$$

甲烷在气相中的摩尔量为：

$$n_{gc} = V_g/\nu_m = 0.0694\text{mol} \tag{3-17}$$

则蓝宝石管中甲烷的总物质量为：

$$n_{CH_4} = n_{gc} + n_{oc} = 0.0889\text{mol} \tag{3-18}$$

同理，可计算出在水合物分解前（2℃，10.2MPa），即水合物浆液条件下气相中甲烷压缩因子及摩尔密度分别为 0.7665 及 171.89cm³/mol。在此条件下，假设有 $y$mol 甲烷气转化为水合物，则水合物体积为：

$$V_{hydrate} = \frac{y \cdot M_{CH_4 \cdot 6H_2O}}{\rho_{CH_4 \cdot 6H_2O}} = \frac{124y}{0.91} \tag{3-19}$$

由闪蒸计算可得，（2℃，10.2MPa）条件下，甲烷在凝析油相中的摩尔分数为 0.3995，此时凝析油相密度为 0.6830g/mL。则凝析油相中甲烷溶解量为：

$$n'_{oc} = n_{condensate} \times \frac{x_{CH_4}}{1 - x_{CH_4}} = 0.0142\text{mol} \tag{3-20}$$

此时凝析油相的体积为：

$$V_o = \frac{n_{oc} \cdot M_{CH_4} + m_{condensate}}{\rho_o} = 5.8738\text{ml} \tag{3-21}$$

蓝宝石管内残余水体积为：

$$V_w = 5 - 18 \times 6y = 5 - 108y \tag{3-22}$$

气相中的甲烷的物质量为：

$$n' = \frac{V_g}{V_m} = \frac{20 - (5 - 108y) - 5.8738 - \frac{124y}{0.91}}{171.886} \tag{3-23}$$

考虑蓝宝石管内的物质守恒关系，甲烷的总物质量不变，则有如下关系式：

$$y + n'_{oc} + n'_{gc} = n_{oc} + n_{gc} \tag{3-24}$$

式（3-24）也可以改写为：

$$y + 0.01418 + \frac{20 - (5 - 108y) - 5.8738 - \frac{124y}{0.91}}{171.886} = 0.0889 \tag{3-25}$$

由式(3-25)可以计算出 $y = 0.0259\text{mol}$，即有 0.0259mol 甲烷转化为水合物，则水合物浆液中甲烷体积及体积分数分别为：

$$V_{\text{hydrate}} = \frac{y \cdot M_{\text{CH}_4 \cdot 6\text{H}_2\text{O}}}{\rho_{\text{CH}_4 \cdot 6\text{H}_2\text{O}}} = 3.5277\text{cm}^3 \qquad (3\text{-}26)$$

$$\phi_{\text{H}} = \frac{V_{\text{hydrate}}}{V_{\text{hydrate}} + V_{\text{w}} + V_{\text{o}}} = 0.3040 \qquad (3\text{-}27)$$

此外，还可以计算出水合物浆液中残余水的体积（V_{m}）为 2.2040cm³，水合物转化率为 55.92%，见式(3-28)。

$$\chi_{\text{w}} = 1 - \frac{V_{\text{w}}}{5} = 55.92\% \qquad (3\text{-}28)$$

依如上方法，各含水率实验中蓝宝石管内的水合物体积分数、残余水量及残余水中盐浓度的结果见表 3-7。

表 3-7　各含水率实验中水合物浆液中水合物体积分数（ϕ_{H}）等参数计算结果

含水率/%	水/mL	凝析油/mL	NaCl/%	AA/%	V_{w}/mL	ϕ_{H}/%	χ_{w}/%	S_{w}/%	有效性
10	1	9	0	1	0.5029	5.36	49.71		Yes
20	2	8	0	1	0.9202	11.66	53.99		Yes
30	3	7	3	1	1.1200	20.25	62.67	8.04	Yes
50	5	5	4	1	2.2040	30.40	55.92	9.07	Yes
80	8	2	4	1	4.1874	42.39	47.66	7.64	Yes
90	9	1	10	1	6.1673	32.74	31.47	14.59	Yes[P]
95	9.5	0.5	4	1 *	7.1681	27.50	24.55	5.30	Yes
100	10	0	11	1	7.8027	26.22	21.97	14.10	Yes

注：* 所示剂量为 1%AA+8%乙醇。

由表 3-7 可以看出，在每次测试中，水合物转化完成之后会有一定量的残余水。这些残余水大部分残留在水合物壳的水核内，也有部分残余水存留在水合物颗粒空隙间。Turner[40]等学者针对油包水乳液体系建立了一种水合物生长模型，认为水合物在分散相水滴与油滴的界面处首先生成，形成水合物壳将内核的剩余水包裹；而基于水合物壳的传质限制，后续的水合物生长速率将会受到限制。Lv[41]等人也研究了油包水乳液中水合物的生长模型，认为水合物生长受到限制主要是由于水合物壳的传质限制。基于此模型，剩余水在水合物浆液中可分为两部分：水合物颗粒间的自由水以及受水合物壳所束缚的内核水。当水合物桥逐渐增厚，其传质限制能力显著增长，甲烷分子透过水合物壳的能力受到极大限制，从而限制了水相充分转化为水合物。此项水合物壳限制生长机理源于不含盐的浆液体系中水合物转化率较低。由表 3-6 可以看出，当浆液中不含有盐时，在含水率分别为 10% 及 20% 条件下时，水合物转化率只有 49.7% 及 54.0%。在较低含水率范围内，水合物转化率随着含水率上升而小幅上升。原因可能是，在低含水率(如 10%)时，水相不能够被有效分散(图 3-33，图 3-36~图 3-38)，因此导致含水率降低时分散相水滴的尺寸增大。基于以上判断，相比高含水率条件，在低含水率条件下，油水界面面积更小，当水合物在界面开始生长并形成水合物壳，更高比例的水相被束缚在水合物壳内，传质限制效应将更明显，因此导致了更低的水合物转化率。

由表 3-7 可以看出，更高含水率时水合物转化率有所下降，原因可能是水相中含有的盐组分的热力学抑制效应。盐含量质量分数为 4% 时，在含水率分别为 50% 及 80% 条件下水合物转化率只有 55.9% 及 47.7%。含水率上升时，水合物转化率有轻微的下降。原因可能是，随着水合物的生成及水合物体积分数的增加，水合物聚集效应越来越明显，一定量的自由水被束缚在水合物聚集体的孔隙内。在更高含水率条件下，水合物聚集体的量更高。这些不同尺寸的水合物聚集体分散在水合物浆液中并阻碍孔隙中水相与甲烷的有效接触，从而阻碍甲烷水合物的生成。

Moradpour[42] 等人研究了含水合物的油水体系黏度，在含水率 50%~70% 条件下水合物的体积分数范围为 25%~30%，随着水合物体积分数的增加，体系黏度呈指数型增加。由表 3-7 可见，防聚剂 AA 在水合物体积分数为 42% 时仍表现出一定的防聚能力。由于 AA 分子在水合物表面的强吸附特性，水合物颗粒可能稳定在较小尺寸，并因此促进水合物浆液的可流动性。Lv[41] 等人的研究也证实了在低含水率的水/柴油/甲烷体系中，AA 可以有效地降低体系中生成的水合物颗粒尺寸。此外，水相中存在的盐可以降低 AA 在水相中的溶解度，并因此促进 AA 在水合物表面的吸附。

3.3　水合物防聚剂(AA+Span 80)协同性实验研究

鉴于上一节中得出的结论，含水率在 10% 时盐降低防聚剂的作用效果，具体原因在于防聚剂 AA 乳化效果较差，不能将自由水相乳化分散并稳定在油相中，致使体系中易分出自由水相，不利于水合物防聚；同时，由于水相中的防聚剂分子因盐离子引起的脱水效应而倾向于分布在油相，水相中防聚剂分子较少，水合物生成时无法及时吸附在水合物表面，致使水合物防聚剂性能变差。另外，特别考虑引入一种助表活性剂来提升 AA 的防聚性能。考虑到经济性、环保和协助生成油包水乳状液的特点，选择了常见的商业表面活性剂，失水山梨醇脂肪酸酯（Span 80，见图 3-33）。

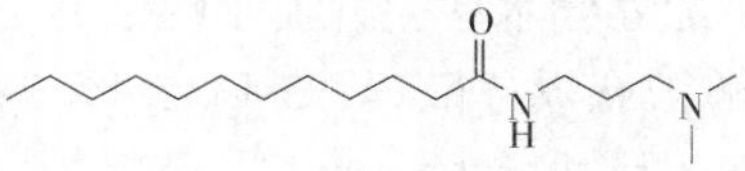

图 3-33　AA 及 Span 80 结构示意图

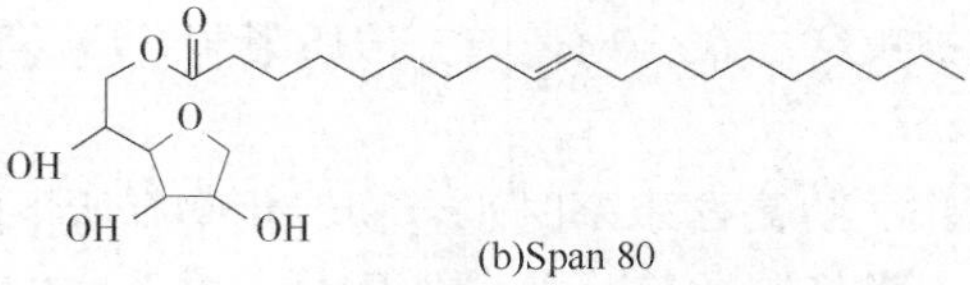

Span 80 是一种油溶性表面活性剂，亲水亲油平衡值（HLB）为 4.3，利于产生稳定的油包水乳液；同时，Span 80 或 Span 类活性剂也是一种天然气水合物防聚剂，已经被许多学者用于水合物防聚的室内研究[6,43-49]。

实验方法和 3.1 一致，使用蓝宝石振摇器来测试两种防聚剂（AA+Span 80）的协同效应。为避免凝析油中极性组分的干扰以及便于观察，选择正辛烷模拟油相，气相组分仍是甲烷（10MPa），选择含水率为 10%、20% 和 30% 的油水体系。

3.3.1　10%含水率体系

1. 单一水合物防聚剂作用效果

首先测试了单个防聚剂在正辛烷/水/甲烷体系中的作用效果，结果见表 3-8。

表 3-8　10%、20%含水率时防聚剂 AA 在正辛烷/甲烷/水体系中的防聚效果

水相/mL	正辛烷/mL	含水率/%	NaCl/%	AA/%	有效性
1	9	10	0	1	No
1	9	10	10	1	No
1	9	10	0	1.4	Yes
1	9	10	4	1.6	Yes
2	8	20	0	1	No
2	8	20	0	1.4	Yes
2	8	20	4	0.8	Yes

92

实验结果显示，含水率为 10%、盐浓度为 0~10% 时，1%AA 无法有效避免水合物堵塞。图 3-34(a) 显示的是含水率为 10%、AA 浓度为 1%、温度为 2℃、压力为 10MPa 时，水合物在蓝宝石管中的聚集堵塞情况，可见水合物发生聚集并黏附在蓝宝石管壁上，钢球被水合物束缚住不能滚动。当防聚剂 AA 浓度提高到 1.4% 时，可以有效避免水合物的堵塞，见图 3-34(b)，水合物生成后，油水混合体系成为均匀的水合物浆液。当水相中含有 4%NaCl 时，AA 的最低有效浓度上升至 1.6%。显而易见，盐降低了防聚剂 AA 的作用效果。在凝析油/甲烷/水(无盐)体系中，同等压力(10MPa)及温度(2℃)条件下，含水率为 10% 时所需的防聚剂 AA 的浓度为 1%(见表 3-3)，正辛烷体系中 AA 最低有效浓度上升了40%。最低有效浓度的上升可能是因为凝析油中多种组分与防聚剂 AA 分子在水合物表面存在竞争吸附；而在水/正辛烷/甲烷体系中，防聚剂 AA 在水合物表面的吸附仅仅受到正辛烷影响。2018 年，Jimenez-Angeles 及 Firoozabadi[18] 运用分子动力学模拟发现，表面活性剂及烃类分子在水合物均存在吸附现象，因此也有效印证了凝析油中特定烷烃组分对 AA 分子在水合物表面吸附过程的干扰，从而降低了 AA 的作用效果。

(a)水合物堵塞(1% AA)　　　　　　　　(b)水合物浆液(1.4% AA)

图 3-34　含水率为 10% 时，水合物防聚剂作用可视化效果

图 3-35 显示了含水率为 10% 时，防聚剂 AA 剂量为 1.4% 时的实验数据图。由图可见在 6℃、10.1MPa 时，蓝宝石管内气相压力突降，表明此时水合物开始生成。水合物的生成同时引起钢球运动时间的脉冲性波动，可能是由于短暂地出现了水合物大颗粒。随后管内混合物的持续扰动以及防聚剂的作用，水合物颗粒解体并分散，钢球滚动时间逐渐恢复初始状态。在实验过程中，钢球一直运动自

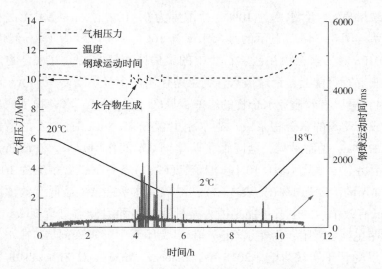

图 3-35　含水率为 10%时，1.4%AA 作用下温度、压力及钢球运动时间变化

如，没有观察到卡顿现象。经计算，在水合物生成完成时，浆液中的水合物体积分数为 7.5%。

表 3-9　含水率为 10%时 AA 与 Span 80 的协同作用

水/mL	正辛烷/mL	AA/%	Span 80/%	AA/Span 80 比例	NaCl/%	有效性
1	9	1.4	0		0	Yes
1	9	1	0		0	No
1	9	0.8	0.2	4/1	0	No
1	9	0.75	0.25	3/1	0	No
1	9	0.67	0.33	2/1	0	No
1	9	0.5	0.5	1/1	0	No
.1	9	0.33	0.67	1/2	0	Yes
1	9	0.25	0.75	1/3	0	Yes
1	9	0.2	0.8	1/4	0	No
1	9	0	1		0	No
1	9	0	2		0	Yes
1	9	1.6	0		4	Yes
1	9	1.4	0		4	No
1	9	1	0		4	No

水/mL	正辛烷/mL	AA/%	Span 80/%	AA/Span 80 比例	NaCl/%	有效性
1	9	0.8	0.2	4/1	4	No
1	9	0.75	0.25	3/1	4	No
1	9	0.67	0.33	2/1	4	Yes
1	9	0.5	0.5	1/1	4	Yes
1	9	0.33	0.67	1/2	4	Yes
1	9	0.25	0.75	1/3	4	Yes
1	9	0.2	0.8	1/4	4	Yes
1	9	0	1		4	No
1	9	0	2		4	No
1	9	0	3		4	Yes

由表 3-9 可知，当水相中不含盐时，对于 Span 80 则所需最少剂量为 2%。当体系中引入 4% NaCl 后，Span 80 的最低有效浓度为 3%，可见盐离子的存在可以降低 Span 80 的作用效果。原因可能是，水相中的盐离子与水分子之间的强作用力降低了 Span 80 上亲水基团与水分子的作用，因此导致水相中 Span 80 的浓度下降，引起 Span 80 作用效果下降。同时，盐也可以降低由 Span 80 乳化的油包水乳状液稳定性，这在后文将会说明。

2. 复配水合物防聚剂(AA+Span 80)作用效果

在 AA 与 Span 80 协同性实验中，设定 AA 与 Span 80 的总剂量分别为 0.6%、0.8% 及 1.0%。同一总剂量水平下，改变 AA 与 Span 80 的比例，筛选最优总剂量和实际配比。经测试，Span 80 可以显著提高防聚剂 AA 的作用效果。

表 3-9 显示含水率为 10% 时，AA 与 Span 80 的协同性实验结果。当体系中不含盐时，两种防聚剂复配使用，总剂量为 1% 即可有效防止水合物聚集，优选的 AA/Span 80 配比为 1 : 3 ~ 1 : 2，AA 与 Span 80 有一定的协同效应。图 3-36 显示不含盐体系下，2℃ 及 10MPa 条件下 AA 与 Span 80 的协同效果，1% AA 及 1% Span 80 均不能防止水合物段塞的形成；而总剂量为 1% 的(0.25% AA+0.75% Span 80)复配体系却能有效抑制水合物的聚集，见图 3-36(b)，水合物生成完全后混合体系在蓝宝石管中形成了均匀水合物浆液。当体系中含有 4% NaCl 时，总剂量为 1% 的 AA+Span 80 也可以有效抑制水合物堵塞，优选的 AA/Span 80 比例为 1 : 4 ~ 2 : 1，复配效果明显。

初步认为，AA 与 Span 80 的协同作用机理是因为 Span 80 的优异乳化能力所

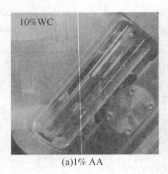 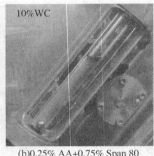 

(a)1% AA　　　　　(b)0.25% AA+0.75% Span 80　　　　(c)1% Span 80

图3-36　10%含水率时，AA与Span 80协同性实验

致。当AA与Span 80复配之后，油包水乳液的稳定性得到了有效的提高，在水合物生成前即已稳定悬浮于油相，从而为下一步水合物颗粒的分散创造了条件。当水合物生成之后，AA则开始发挥主导作用。相比Span 80分子，AA分子在水合物表面具有强吸附特性，因为AA分子亲水基团与水合物表面之间的氢键（N—H—O）键能强于Span 80分子亲水基团与水合物表面的焓值（O—H—O），它们的氢键焓值分别为29kJ/mol及21kJ/mol[50]。基于以上判断，AA与Span 80复配体系拥有优异的油包水乳化能力及水合物表面吸附能力。此一协同机理将在后续的乳状液实验中得到验证。

3.3.2　20%含水率体系

1. 单一水合物防聚剂作用效果

由表3-10可知，含水率为20%时，不含盐条件下，单剂AA与Span 80的最少剂量分别为1.4%与3%。对应于10%含水率的不含盐体系，所需AA的剂量没有变化，而所需的Span 80剂量增大。当体系中引入4% NaCl时，对于单剂，AA和Span 80的最低有效浓度分别是0.8%与5%，可见盐离子的存在可以降低Span 80的作用效果，相反盐离子提高了AA的作用效果。原因可能是，水相中的盐离子与水分子之间的强作用力降低了防聚剂Span 80分子在水相中的溶解量；同时，盐离子促进了AA乳状液（含水率20%及以上）的稳定性。

图3-37显示的是2℃及10MPa条件下1%AA的作用效果，在含4%NaCl的体系[见图3-37（a）]中，水合物生成后混合体系生成了均匀的浆液，流动性较好，表现出较好的水合物防聚性能。而在不含盐的体系[见图3-37（b）]中，水合物生成后即发生堵塞，钢球被卡在水合物段塞中，1% AA未能有效分散水合物聚集体。可见，含水率为20%时，盐可有效提高AA的防聚性能。

(a)水合物浆液(1% AA+ 4% NaCl)　　　　　　　　(b)水合物堵塞(1% AA)

图 3-37 含水率为 20%时，水合物防聚剂作用可视化效果

表 3-10 含水率为 20%时 AA 与 Span 80 的协同作用

水/mL	正辛烷/mL	AA/%	Span 80/%	AA/Span 80 比例	NaCl/%	有效性
2	8	1.4	0		0	Yes
2	8	1	0		0	No
2	8	0.8	0.2	4/1	0	No
2	8	0.75	0.25	3/1	0	No
2	8	0.67	0.33	2/1	0	No
2	8	0.5	0.5	1/1	0	Yes
2	8	0.33	0.67	1/2	0	Yes
2	8	0.25	0.75	1/3	0	Yes
2	8	0.2	0.8	1/4	0	No
2	8	0	2		0	No
2	8	0	3		0	Yes
2	8	0.8	0		4	Yes
2	8	0.6	0		4	No
2	8	0.48	0.12	4/1	4	Yes
2	8	0.45	0.15	3/1	4	yes
2	8	0.4	0.2	2/1	4	Yes

续表

水/mL	正辛烷/mL	AA/%	Span 80/%	AA/Span 80 比例	NaCl/%	有效性
2	8	0.3	0.3	1/1	4	Yes
2	8	0.2	0.4	1/2	4	Yes
2	8	0.15	0.45	1/3	4	Yes
2	8	0.12	0.48	1/4	4	No
2	8	0	4		4	No
2	8	0	5		4	Yes

2. 复配水合物防聚剂作用效果

当含水率为20%时，AA与Span 80也表现出类似的协同效应（见表3-10）。不含盐条件下，单剂AA与Span 80的最少剂量分别为1.4%与3%。当两种防聚剂复配使用时，总剂量为1%即可有效防止水合物聚集，优选的AA/Span 80配比为1∶3~1∶1。图3-38显示不含盐体系下，2℃及10MPa条件下AA与Span 80的协同效果，1% AA及2% Span 80均不能防止水合物段塞的形成；而总剂量为1%的（0.5% AA + 0.5% Span 80）复配体系却能有效抑制水合物的聚集，见图3-38（b），水合物生成完全后混合体系形成了均匀水合物浆液。因此可以看出AA与Span 80有一定的协同效应，其协同机理将在后文展开论述。当体系中引入4%NaCl时，对于单剂，AA和Span 80的最低有效浓度分别是0.8%与5%，而当AA与Span 80复配使用时，总剂量为1%时也可以有效抑制水合物堵塞，优选的AA/Span 80比例为1∶3~4∶1，复配效果明显。

(a)1% AA　　　　　(b)0.5% AA+0.5% Span 80　　　　　(c)2% Span 80

图3-38　含水率为20%时，AA与Span 80协同性实验

3.3.3　30%含水率体系

1. 单一水合物防聚剂作用效果

含水率为 30%时，AA 与 Span 80 表现出稍不同的协同效应(见表 3-11)。不含盐、2℃ 及 10MPa 条件下，单剂 AA 的最少剂量为 1%，而 Span 80 在剂量为 6%时仍无法抑制水合物堵塞的生成。当体系中引入 4% NaCl 时，对于单剂，AA 的最低有效浓度分别是 0.8%，可见盐离子增加 AA 的作用效果；对于 Span 80，剂量为 6%时仍无法抑制水合物聚集，含水率上升时 Span 80 的作用效果急剧下降。

表 3-11　含水率为 30%时 AA 与 Span 80 的协同作用

水/mL	正辛烷/mL	AA/%	Span 80/%	AA/Span 80 比例	NaCl/%	有效性
3	7	1	0		0	Yes
3	7	0.8	0		0	No
3	7	0.8	0.2	4/1	0	Yes
3	7	0.75	0.25	3/1	0	Yes
3	7	0.67	0.33	2/1	0	Yes
3	7	0.5	0.5	1/1	0	No
3	7	0.33	0.67	1/2	0	No
3	7	0.25	0.75	1/3	0	No
3	7	0.2	0.8	1/4	0	No
3	7	0	6		0	No
3	7	0.8	0		4	Yes
3	7	0.6	0		4	No
3	7	0.48	0.12	4/1	4	Yes
3	7	0.45	0.15	3/1	4	Yes
3	7	0.4	0.2	2/1	4	Yes
3	7	0.3	0.3	1/1	4	Yes
3	7	0.2	0.4	1/2	4	Yes
3	7	0.15	0.45	1/3	4	No
3	7	0.12	0.48	1/4	4	No
3	7	0	6		4	No

图 3-39 显示的是含水率 30%、2℃ 及 10MPa 条件下 AA 的作用效果。图 3-39(a) 为含 1%AA 体系在水合物生成后形成的均匀的浆液，表现出较好的水合物防聚性能。而在含 0.8%AA 的体系[见图 3-39(b)]中，水合物生成后产生了水合物段塞，未能有效分散水合物聚集体。

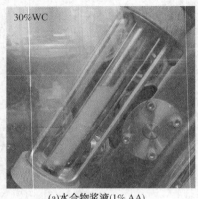

(a)水合物浆液(1% AA)　　　　　　　　(b)水合物堵塞(0.8% AA)

图 3-39　含水率为 30%时，水合物防聚剂作用效果

2. 复配水合物防聚剂作用效果

含水率为 30%时，AA 与 Span 80 表现出稍不同的协同效应(见表 3-11)。不含盐条件下，单剂 AA 的最少剂量为 1%，而所需 Span 80 的剂量为 6%以上。当两种防聚剂复配使用时，总剂量为 1%可有效防止水合物聚集，优选的 AA/Span 80 配比为 2∶1~4∶1。因此，可以看出 AA 与 Span80 体系遗物协同效应。当体系中引入 4% NaCl 时，对于单剂，AA 的最低有效浓度是 0.8%，盐离子增加 AA 的作用效果；对于 Span 80，剂量为 6%时仍无法抑制水合物聚集，含水率上升时 Span 80 的作用效果急剧下降；当 AA 与 Span 80 复配使用时，总剂量为 0.6%时也可以有效抑制水合物堵塞，优选的 AA/Span 80 比例为 2∶1~4∶1，有一定的复配协同效果。可见在含水率为 30%条件下，不含盐时无协同效应；在含盐条件下有微弱的协同效用。

图 3-40 显示的是含 3% NaCl 体系在含水率 30%、2℃ 及 10MPa 条件下 AA 与 Span 80 的协同效果，0.6% AA 及 2% Span 80 均不能防止水合物段塞的形成；而总剂量为 0.6%的(0.3%AA+0.3% Span 80)复配体系却能有效抑制水合物的聚集，见图 3-40(b)，水合物生成完全后即分散在油水混合体系中形成水合物浆液。可以看出，AA 与 Span 80 有一定的协同效应，其协同机理将在后文展开论述。

(a)0.6% AA+4% NaCl　　(b)0.3% AA+0.3% Span 80+4% NaCl　　(c)2% Span 80+4% NaCl

图 3-40　30%含水率时，AA 与 Span 80 协同性实验

3.4　水合物防聚剂(AA+Span 80)协同机理研究

为分析 AA 与 Span 80 的协同作用机理，特开展了相应的乳状液稳定性能实验，实验方法与章节 3.2 和 3.3 中描述的一致。

图 3-41 展示了 10%含水率条件下，正辛烷/(盐)水/AA/Span 80 乳状液的稳定性。实验中各离心管中液相体积为 10mL，防聚剂(AA+Span 80)总剂量为 1%，AA∶Span 80 依次为 1∶0、4∶1、3∶1、2∶1、1∶1、1∶2、1∶3、1∶4 及 0∶1 (标在离心管上)。图 3-41(a) 和图 3-41(b) 为不含盐乳状液，由图可见只含有 1%AA 的乳状液极不稳定，乳状液静置 10min 即破乳，分为上层的纯油相、下层的自由水相以及中间的薄乳化层。而对于每个含(AA+Span 80)及 Span 80 的乳状液，其乳液稳定性能显著提高，静置 10min 时仍能保持较高稳定性，上层为油相，下层为油包水乳状液。这可能是 AA 与 Span 80 存在协同效应的原因之一，即在水合物生成之前混合防聚剂(AA+Span 80)首先将水相乳化并分散在油相，当分散相水滴转化为水合物时即为分散的颗粒，因此促进了水合物防聚剂性能。此外，由图 3-41 也可以看出，对于 AA 乳状液，在含盐时乳状液中间层的体积量增加了，这可能是盐提高 AA 防聚效果的原因。同时，对于 Span 80 乳液，其乳状液相的体积最大，说明了 Span 80 的乳化性能远远优于 AA；在含盐时 Span 80 乳状液的乳化相体积明显减少，这可能也是盐降低 Span 80 防聚性能的原因。这与前面水合物防聚性能测试结果相吻合，在含水率为 10%时，不含盐的体系中 2%的 Span 80 可以有效抑制水合物聚集；而在含 4% NaCl 的体系中，3%的 Span 80 才能有效抑制水合物聚集。

同样，图 3-42 展示了 20%含水率条件下，正辛烷/(盐)水/AA/Span 80 乳状

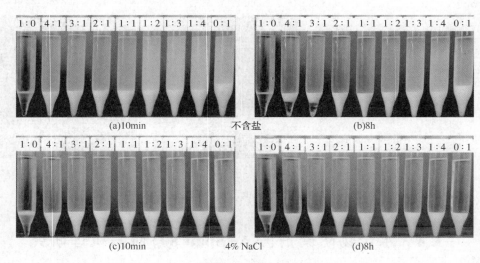

图 3-41   10%含水率时乳状液相分布特点

液的稳定性。图 3-42(a)和图 3-42(b)为不含盐乳状液,由图可见只含有 1% AA 的乳状液极不稳定,乳状液静置 10min 即破乳,分为上层的纯油相、下层的自由水相以及中间的薄乳化层。而对于每个含 AA/Span 80 及 Span 80 的乳状液,其乳液稳定性能有显著提高,静置 8h 仍能保持较高稳定性,上层为油相,下层为油包水乳状液。与 10%含水率乳状液类似。此外,由图 3-42 也可以看出,对于 AA

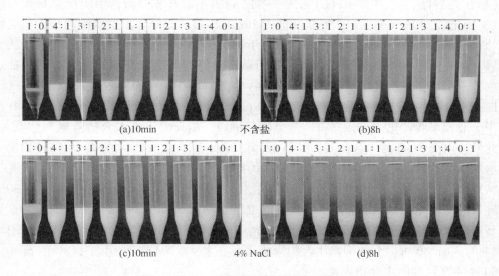

图 3-42   20%含水率时乳状液相分布特点

乳状液，在含盐时乳状液中间层的体积量增加了，这可能是盐提高 AA 防聚效果的原因。同时，对于 Span 80 乳液，其乳状液相的体积最大，说明了 Span 80 的乳化性能远远优于 AA；在含盐时 Span 80 乳状液的乳化相体积明显减少，这可能也是盐降低 Span 80 防聚性能的原因。

含水率为 30% 时乳状液的外观特征（见图 3-43）与 20% 含水率的乳液类似。较明显的区别是含水率为 30% 时各样品的乳液相体积明显上升，稳定性能有显著提高。而此时 6% 的 Span 80 不能达到防止水合物聚集的效果，说明乳化性能只是影响防聚剂性能的因素之一。

对于含 1% AA 的乳状液，相比于 10% 含水率的 AA 乳状液（见图 3-41），20% 含水率时乳状液中间层的体积有小幅增加（见图 3-42），这可能是含水率上升时所需 AA 的最少剂量下降的原因。

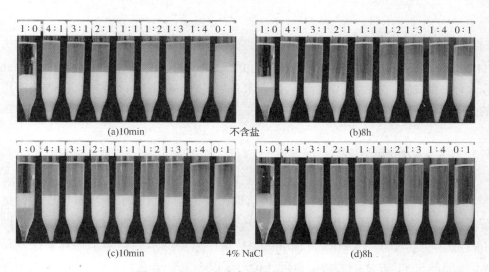

图 3-43　30% 含水率时乳状液相分布特点

基于以上 AA 与 Span 80 协同防聚性能实验及复配后乳状液稳定性能分析，得出了其协同作用机理，并绘制了协同作用示意图，见图 3-44。

在水合物生成前，油水混合体系因为扰动而分散；同时双防聚剂在油水界面稳定吸附，致使分散在油相的水滴悬浮且不易聚并［见图 3-44（b）］；在这个乳化过程中，Span 80 可能起了重要作用。Span 80 的 HLB 值为 4.3，是一种油包水型乳状液。当分散相的液滴因为高过冷度而转化为水合物颗粒后，防聚剂 AA 则更稳定地吸附在水合物表面［见（图 3-54（c）］。这里我们有理由认为 AA 与水合

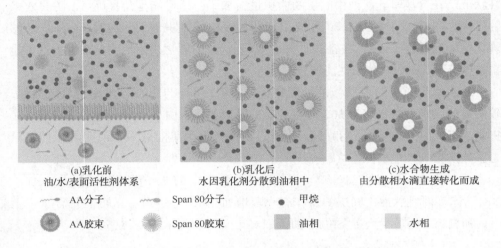

图 3-44　油包水乳状液体系中 AA 与 Span 80 协同作用机理

物表面的作用力更强，这是因为 AA 与水合物表面产生的氢键（N-H-O）的焓值为 29kJ·mol^{-1}高于 Span 80 与水合物表面产生的氢键（O-H-O）焓值（21kJ/mol）[50]。因此在水合物生成后，主要是 AA 分子吸附在水合物表面［见图 3-44（c）］，起防聚作用的是 AA 分子。

3.5　本章小结

本章选用了一种绿色防聚剂 AA，借助微观力测量仪对水合物微观作用力进行了测试，考察了 AA 浓度及水合物分解等因素对水合物聚集过程的影响；借助 Rocking Cell 考察了 AA 在凝析油/甲烷/盐水体系中的水合物防聚规律，探索了 AA 与助剂 Span 80 之间的协同机理，得出了以下主要结论：

防聚剂 AA 对水合物颗粒间聚集趋势有显著影响。低浓度（0~0.01%）范围内，AA 主要通过降低环戊烷/水界面张力来降低水合物颗粒间作用力；中等浓度（0.1%~0.2%）范围内，AA 的吸附使得水合物表面具有疏水特性，并能有效阻止水合物与液滴或水合物与水合物聚集；高浓度（>0.4%）时，AA 表现出较强的热力学抑制剂特性，水合物不能稳定生成；在一定浓度（0~0.01%AA）条件下，水合物的分解会引起短暂聚集现象。

防聚剂 AA 在高含水条件下有着优异的防聚性能，在 10%~100% 含水率范围内均可抑制水合物聚集。低含水率时（10%），NaCl 能降低 AA 在水相中的溶解量，不利于 AA 发挥防聚性能；含水率为 20% 时，NaCl 对 AA 的性能影响不明显；在含水率为 30%~100% 时，NaCl 可以提高 AA 的性能。盐可降低水合物转化率以及浆液中的水合物体积分数；在低含水（10%~30%）条件下，防聚剂 AA 与 Span 80 具有明显的协同作用。一个可能的协同机理为：Span 80 与 AA 各司其职，Span 80 提高了油包水乳状液的稳定性，使自由水稳定分散于油相，而 AA 在水合物表面的有效吸附降低了水合物的聚集趋势。

参 考 文 献

[1] Liu C，Li M，Zhang G，et al. Direct measurements of the interactions between clathrate hydrate particles and water droplets［J］. Physical Chemistry Chemical Physics，2015，17（30）：20021-20029.

[2] Aichele C P. Characterizing water-in-oil emulsions with application to gas hydrate formation［D］. Houston：Rice University，2009.

[3] Delgado-Linares J G，Majid A A，Sloan E. D，et al. Model water-in-oil emulsions for gas hydrate studies in oil continuous systems［J］. Energy Fuels，2013，27（8）：4564-4573.

[4] Brown E P，Study of hydrate cohesion，adhesion and interfacial properties using micromechanical force measurements［D］. Golden：Colorado School of Mines，2016.

[5] Sun M，Firoozabadi A. New surfactant for hydrate anti-agglomeration in hydrocarbon flowlines and seabed oil capture［J］. Journal of Colloid and Interface Science，2013，402：312-319.

[6] Dong S，Li M，Firoozabadi A. Effect of salt and water cuts on hydrate anti-agglomeration in a gas condensate system at high pressure［J］. Fuel，2017，210：713-720.

[7] Dong S，Firoozabadi A. Hydrate anti-agglomeration and synergy effect in normal octane at varying water cuts and salt concentrations［J］. The Journal of Chemical Thermodynamics，2018，117：214-222.

[8] Braniff M. Effect of dually combined under-inhibition and anti-agglomeration treatment on hydrate slurries［D］. Golden：Colorado School of Mines，2013.

[9] Sun M，Firoozabadi A. Gas hydrate powder formation-ultimate solution in natural gas flow assurance［J］. Fuel，2015，146：1-5.

[10] Gao S. Hydrate risk management at high watercuts with anti-agglomerant hydrate inhibitors［J］. Energy Fuels，2009，23（4）：2118-2121.

[11] Zhao H，Sun M，Firoozabadi A. Anti-agglomeration of natural gas hydrates in liquid condensate and crude oil at constant pressure conditions［J］. Fuel，2016，180：187-193.

[12] York J D，Firoozabadi A. Comparing effectiveness of rhamnolipid biosurfactant with a quaternary ammonium salt surfactant for hydrate anti-agglomeration［J］. The Journal of Physical Chemistry B，2008，112（2）：845-851.

[13] Sun M，Wang Y，Firoozabadi A. Effectiveness of alcohol cosurfactants in hydrate anti-

agglomeration[J]. Energy Fuels, 2012, 26(9): 5626-5632.

[14] Sun M, Firoozabadi A. New surfactant for hydrate anti-agglomeration in hydrocarbon flowlines and seabed oil capture[J]. Journal of Colloid and Interface Science, 2013, 402: 312-319.

[15] Hu S J, Koh C A CH$_4$/C$_2$H$_6$ gas hydrate interparticle interactions in the presence of anti-agglomerants and salinity[J]. Fuel, 2020, 269: 117208.

[16] Dong S, Li M, Firoozabadi A. Effect of salt and water cuts on hydrate anti-agglomeration in a gas condensate system at high pressure[J]. Fuel, 2017, 210: 713-720.

[17] Dong S, Firoozabadi A. Hydrate anti-agglomeration and synergy effect in normal octane at varying water cuts and salt concentrations[J]. The Journal of Chemical Thermodynamics, 2018, 117: 214-222.

[18] Jiménez-Ángeles F, Firoozabadi A. Hydrophobic hydration and the effect of NaCl salt in the adsorption of hydrocarbons and surfactants on clathrate hydrates[J]. ACS Central Science, 2018, 4(7): 820-831.

[19] Preuss M, Butt H. Direct measurement of particle-bubble interactions in aqueous electrolyte: dependence on surfactant[J]. Langmuir, 1998, 14(12): 3164-3174.

[20] Aichele C P. Characterizing water-in-oil emulsions with application to gas hydrate formation [D]. Houston: Rice University, 2009.

[21] Nagappaya S K, Lucente-Schultz R.M, Nace M V, et al. Antiagglomeration hydrate inhibitors: the link between hydrate-philic surfactants behaviors and inhibition performance[J]. Journal of Chemical & Engineering Data, 2015, 60(2): 351-355.

[22] York J D, Firoozabadi A. Effect of brine on hydrate antiagglomeration[J]. Energy Fuels, 2009, 23(6): 2937-2946.

[23] Kelland M A, Svartaas T M, Øvsthus J, et al. Studies on some alkylamide surfactant gas hydrate anti-agglomerants[J]. Chemical Engineering Science, 2006, 61(13): 4290-4298.

[24] Kelland M A. Production chemicals for the oil and gas industry[M]. Boca Raton: CRC Press, 2009.

[25] Sloan E D, Koh C A. Clathrate hydrate of natural gas[M]. 3rd ed. Boca Raton: CRC Press, 2008.

[26] Li F C, Wang D Z, Kawaguchi Y, et al. Simultaneous measurements of velocity and temperature fluctuations in thermal boundary layer in a drag-reducing surfactant solution flow [J]. Experiments in Fluids, 2003: 36: 131-140.

[27] Braniff M. Effect of dually combined under-inhibition and anti-agglomeration treatment on hydrate slurries[D]. Golden: Colorado School of Mines, 2013.

[28] Anderson M P. The role of surfactant in destabilizing oil-in-water emulsions[J]. Langmuir, 1989, 5(2): 494-501.

[29] Dickson E, Golding M. Influence of alcohol on stability of oil-in-water emulsions containing sodium caseinate[J]. Journal of Colloid and Interface Science, 1998, 197(1): 133-141.

［30］ Dickson E, Woskett C. M. Effect of alcohol on adsorption of casein at the oil-water interface［J］. Food Hydrocolloids, 1988, 2(3): 187-194.

［31］ Liu C W, Li M. Z, Srivastava V K, et al. Investigating gas hydrate formation in moderate to high water cut crude oil containing arquad and salt, using differential scanning calorimetry［J］. Energy $ Fuels, 2016, 30(4): 2555-2562.

［32］ Jones J L, McLeish T. C. B. Concentration fluctuations insurfactant cubic phase: theory, rheology, and light scattering［J］. Langmuir, 1999, 15(22): 7495-7503.

［33］ Sun M, Firoozabadi A. Natural gas hydrate particles in oil-free systems with kinetic inhibition and slurry viscosity reduction［J］. Energy Fuels, 2014, 28(3): 1890-1895.

［34］ Kelland M A, Svartaas T M, Anderson L. D. Gas hydrate anti-agglomerant properties of polyproxylates and some other demulsifiers［J］. Journal of Petroleum Science and Engineering, 2009, 64(1-4): 1-10.

［35］ Jang J, Santamarina J. C. Recovable gas from hydrate-bearing sediments: pore network model simulation and macroscale analyses［J］. Journal of Physiccal Research, 2011, 116: 1-12.

［36］ Dickens G R, Paull C K, Wallace Paul. Direct measurement of in situ methane quantities in a large gas-hydrate reservoir［J］. Nature, 1997, 385: 426-428.

［37］ Newton R H. Activity coefficients of gases［J］. Industrial &Engineering Chemistry, 1935, 27(3): 302-306.

［38］ Turner D J, Clathrate hydrate formation in water-in-oil dispersion［D］. Golden: Colorado School of Mines, 2004.

［39］ Lv Y, Jia M, Chen J., et al. Self-preservation effect for hydrate dissociation in water + diesel oil dispersion systems［J］. Energy Fuels, 2015, 29(9): 5563-5572.

［40］ Moradpour H, Chapoy A, Tohidi B. Transportability of hydrate particles at high water cut systems and optimization of anti-agglomerant concentration［C］. Proceedings of the 7th International Conference on Gas Hydrate(ICGH), Edinburgh, UK, 2011.

［41］ Perrin A, Musa O M, Steed J. W. The chemistry of low dosage clathrate hydrate inhibitors［J］. Chemical Society Reviews, 2013, 5(42): 1996-2015.

［42］ Huo Z, Freer E, Lamar M., et al. Hydrate plug prevention by anti-agglomeration［J］. Chemical Engineering Science, 2001, 56(17): 4979-4991.

［43］ Chen J, Sun C, Peng B, et al. Screening and compounding of gas hydrate anti-agglomerants from commercial additives through morphology observation［J］. Energy Fuels, 2013, 27(5): 2488-2496.

［44］ Karanjkar P U, Lee J. W, Morris J. F. Surfactant effects on hydrate crystallization at the water-oil interface: Hollow-conical crystals［J］. Crystal Growth & Design, 2012, 12(8): 3817-3824.

［45］ Li M, Tian J, Liu C, et al. Effects of sorbitan monooleate on the interactions between cyclopentane hydrate particles and water droplets［J］. Journal of Dispersion Science and

Technology, 2018, 39(3): 360-366.

[46] Raman Y A K, Koteeswaran S, Venkataramani D, et al. A comparison of the rheological behavior of hydrate forming emulsions stabilized using either solid particles or a surfactant[J]. Fuel, 2016, 179: 141-149.

[47] Chen J, Yan K, Jia M, et al. Memory effect test of methane hydrate in water + diesel oil + sorbitan monolaurate dispersed systems[J]. Energy Fuels, 2013, 27(12): 7259-7266.

[48] Emsley J. Very strong hydrogen bonding[J], Chemical Society Reviews, 1980, 9(1): 91-124.

第4章 天然气水合物管线壁面沉积机理研究

水合物与管壁表面间的黏附力是导致水合物壁面沉积的重要诱因，因此有必要对水合物在壁面的黏附力特征进行研究。当前，水合物在管壁黏附力的研究大部分是通过借助微观力（MMF）测量仪完成的，测试中首先在液态环戊烷或烃气中生成一个水合物颗粒，然后测试水合物颗粒与壁面接触−脱离过程中所受的黏附力。Aspenes[1]等学者通过此类测试发现，当壁面有自由水时水合物颗粒与壁面间的黏附力主要由液桥毛细管力决定，黏附力会上升 10 倍以上。而在实际情况中，仍有大量的水合物颗粒直接在壁面成核与生长，这与之前的水合物与壁面接触脱离法测定黏附力的过程不一样，因此需要设计合理的实验研究水合物在壁面成核与成长的微观过程及相应的黏附力规律。环流设备（Flow Loop）等大型带压设备可以直接观察水合物在管壁的沉积现象，但是无法直接测量水合物在壁面的黏附力。基于此，本实验借助自制的水合物黏附力测量仪便可直接测量出水合物与平板间的黏附力。

本章节将对自组装的水合物黏附力测量仪进行详细介绍，同时展开水合物颗粒壁面间微观黏附力的研究，考察生成时间、过冷度及壁面材质等因素对水合物黏附力的影响。

4.1 微观黏聚力测试装置的构建

本章节采用的黏附力测量仪为自组装设备（图 4-1）。

该装置主要包含温度控制系统、微观操作系统、微观拍摄/录像系统、数据处理系统。本套微观力测量仪参考了国内外的相关同类设备，并作出了适度的改进。

4.1.1 温度控制系统

该子系统包括恒温槽（Scientz DC-2006，工作温度为−20~99.99℃，控温精度为 0.01℃），循环回路以及操作冷台。循环介质采用乙二醇型环保防冻液

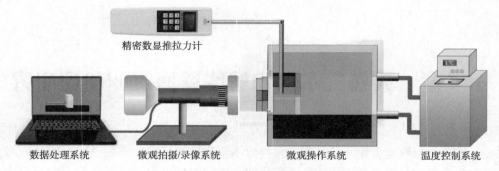

图 4-1　水合物壁面黏附力测量仪

（LEC-Ⅱ-25，工作温度为-25℃，Ethylene Chemical Co. Ltd.），经恒温槽冷却后输进冷台夹套，冷浴循环并提供稳定的低温环境。

4.1.2　微观操作系统

微观操作系统是生成水合物并进行微观力测试的子系统，主要包括水合物反应槽、精密数显推拉力计以及精密位移操作器(滑台)三部分，见图4-2。

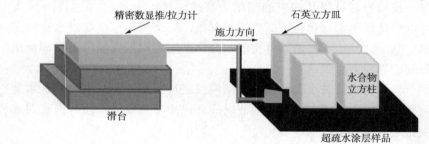

图 4-2　微观操作系统

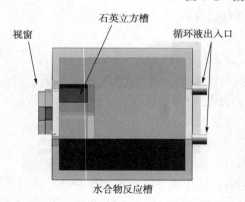

图 4-3　水合物反应槽示意图

1. 水合物反应槽

水合物反应槽的材质为石英，为立方柱形容器（5cm×5cm×7cm），用于盛载环戊烷，图4-3为水合物反应槽示意图。水合物反应槽外围有封闭式冷套，冷套由绝热材料包裹并与恒温槽相连形成循环回路。水合物反应槽提供水合物生成、分解及水合物微观作用力测试所需的环境。图4-4为水合物反应槽及其卡槽实物图。

110

(a)水合物反应槽　　　　　　　　　　(b)卡槽实物图

图 4-4　水合物反应槽及其卡槽实物图

2. 精密数显推拉力计

实验中采用精密数显推拉力计(SH-100)来测定水合物与壁面之间的横向黏附力。SH-100 型推拉力计量程为 100N，精度为 0.05N。实验过程中，在测力计前端固定一根 L 形连杆，连杆末端固有接头，在测力过程中测力数据由电脑存储。

3. 精密位移操作器(滑台)

测力过程中推拉力计的位移由导轨型手动调节滑台(LY125，行程为 50mm，精度为 10μm)控制。实验中将测力计固定在滑台上，通过调节滑台来实现对机械臂位移的精准控制。

4.1.3　微观拍摄/录像系统

图像拍摄/录像系统主体为体视显微镜(DV-100，放大倍数为 50~500 倍，无锡瀚光科技有限公司)、数码摄像机(像素为 500 万)、电脑终端及配套录像处理软件等单元。实验中由外循环的恒温槽驱动防冻液为水合物反应槽提供低温环境，显微镜于石英立方槽正前方，透过可视化窗口录制石英立方皿内水合物被剥离过程，实时传输至电脑终端。通过专用的操作软件可以设置各项视频参数，录像帧数为 33 帧/秒。

4.2　水合物壁面黏附力测试

4.2.1　实验材料

1. 药品

环戊烷：环戊烷与水可以在常压条件下生成 Ⅱ 型水合物，相平衡温度为

7.7℃。环戊烷在水相中的溶解度较小，与天然气在水中溶解度类似，因此比较适合作为室内天然气水合物的替代物来研究。本文中环戊烷纯度为96%，购自Aladdin公司。

液氮：用于金属块急冷。

蒸馏水：去离子水取自实验室净水系统（Continental Water System）。

2. 实验器材

水合物壁面黏附力测量仪（见4.1）。

油水界面张力仪（SL200KB，Kino Industry Co. Ltd.）。

壁面材料：碳钢片（2000目砂纸打磨）、铜（2000目砂纸打磨）、聚四氟乙烯以及超疏水涂层（见5.2），用以探索壁面材料对水合物黏附力的影响。

4.2.2 实验步骤

1. 不同基底材料表面水合物制备

采用环戊烷气相环境中冰融化诱导法制备水合物。实验前首先将水合物反应槽（石英立方槽）内清洗干净，打开恒温槽并循环制冷，将其温度设定在5℃（因空气含一定湿度，温度太低会造成空气中水蒸气冷凝，引起干扰），并恒温30min；向水合物反应槽缓慢注入一定体积的环戊烷（事先存储于5℃的恒温箱内），将恒温槽温度设定为-3℃，并在-3℃下恒温40min；将实心金属卡槽浸没于液氮中，待其完全冷却后取出，由于极低的温度，附近空气中的水蒸气迅速冷凝结冰，可以观察到金属卡槽表面有一层厚厚的冰霜类黏结层；将四个石英立方皿放置于金属卡槽上，随后与金属卡槽一起固定在水合物反应槽内，金属卡槽及石英立方皿在环戊烷液面以下；调整恒温槽，使水合物反应槽以0.5℃/10min的速率升温至冰点附近（0~0.5℃），并在冰点恒温30min使水合物保持在较高过冷度条件下充分生成，并同时除去可能存在的冰污染；随后，以0.2℃/5min的升温速率，将水合物反应槽温度升至实验温度。实验温度为1℃或4℃是考虑到海底的海水温度通常为2~4℃[2]，本实验还将探索6℃条件下的实验结果。水合物生成过程由摄像机实时记录。观察水合物在石英立方皿中的生成量及形态，每10min向水合物反应槽内喷三次水雾，观察水合物反应槽内的环戊烷剩余量，及时补充，一般为每隔2h补充5mL环戊烷。当立方皿底部完全被水合物覆盖时即完成水合物在壁面材料上的制备工作。

当需要测试化学剂对水合物壁面黏附力的影响时，首先将化学剂溶于易溶相，在图4-5(b)所示过程中直接喷涂水溶液。当测试Span 80及AA时，则将其分别溶于环戊烷，在图4-5(a)所示步骤中以环戊烷溶液形式注入水合物反应槽。

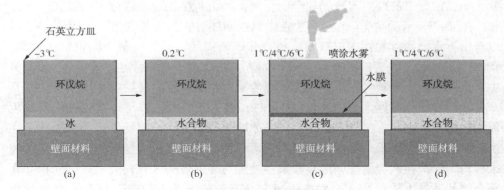

图 4-5　壁面材料上水合物制备方法

2. 水合物壁面黏附力测试

待水合物方柱生成并老化一定时间后，通过调整滑台使精密推拉力计平稳移动，使测力计上的连杆前端抵住水合物石英立方皿，并继续向前移动直至石英立方皿从基底材料壁面上剥离脱落。精密数显推拉力计所显示的最大值即认定为水合物在壁面上的黏附力。图 4-6 显示的是从壁面剥离的水合物实物图，可见，通过上述实验步骤可以达到直接测量水合物壁面黏附力的目的。

图 4-6　剥离壁面的水合物(石英立方皿内)示意图

4.2.3　实验结果与分析

1. 水合物在壁面沉积生长形态

水合物倾向于在矿物质表面成核生长，并因此改变水合物矿层的胶结强度和力学特性。水合物在管道壁面的成核成长对水合物在管道内的沉积堵塞过程有重

113

要影响，因此有必要对水合物在壁面材料上的沉积生长过程进行深入探究。

图4-7显示的是1℃时水合物在碳钢壁面随时间的生长变化[3]。由图4-7可以看出，水合物首先在碳钢壁面成核，并逐渐铺展，最后将整个碳钢壁面覆盖。碳钢壁面的水合物生长机理可以阐释如下：将金属卡槽（固定有碳钢片）从液氮中拿出来之后，水蒸气在碳钢片上迅速冷凝并结成冰层；最后将金属卡槽放置在水合物反应槽内并逐渐升温至0℃以上时，冰层开始融化并与环戊烷蒸气反应生成水合物层。因此，可以看出本实验中冰融化诱导了水合物的生成。采用冰融化诱导法制备环戊烷水合物被广泛应用于水合物的室内制备。随后，采用喷雾法使水雾均匀涂敷在水合物表面形成液膜，液膜与环戊烷蒸气有较大的接触面积并在水合物的诱导下转化为水合物，重复喷涂液膜的方法可以有效提高水合物的生成量。

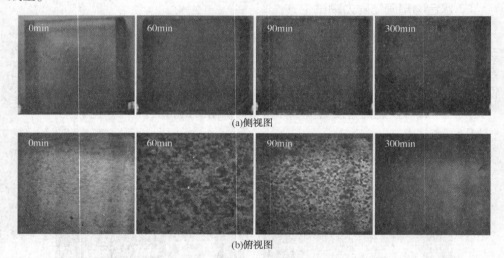

(a)侧视图

(b)俯视图

图4-7　1℃条件下碳钢壁面上石英立方皿内水合物生成形态图

2. 水合物在壁面黏附力影响因素研究

1）水合物生成时间的影响

选用2000目砂纸打磨碳钢片，并测定在1℃、4℃及6℃条件下水合物生长时间随生成时间的变化，设定的生长时间为360min及1200min，结果见图4-8。可见，在1℃条件下，水合物生成时间为360min及1200min时的水合物黏附力分别为(286.04±44.87)kPa及(428.18±37.82)kPa[3]；在4℃条件下，水合物生长时间达到360min及1200min时的黏附力为(109.21±21.68)kPa及(279.32±20.42)kPa[3]；而在6℃条件下，水合物生长时间达到360min及1200min时的黏附力为(5.2±2.1)kPa及(7.3±2.5)kPa。随着生长时间的延长，水合物黏附力出现了轻微的增加。可以看出,在各自温度条件下,水合物生长时间的延长增加了其在壁面的黏附力。

综合实验观察,水合物生长时间的延长主要体现在两个方面,首先是水合物与壁面接触面积的增大,在石英立方皿内,水合物最先沿着立方皿与壁面接触的位置生长,表现为环绕石英立方皿生长;同时,在壁面材料表面,水合物成核点分布也有一定的随机性[4],表现为点状随机分布的水合物晶体,见图 4-7(b)。已生成的点状水合物对周围冰水混合物转化为水合物提供了诱导作用,随着生长时间的延长,水合物逐渐铺满石英立方皿围住的壁面材料表面。其次,生长时间的延长会使水合物团块更加致密,这是由于水合物生长首先在气液界面处生成水合物壳,形成疏松的团簇体,随着生长的持续,内核水会有一定的外溢效应(见 5.1.3)并填满水合物壳之间的空隙并继续转化为水合物,最终导致水合物更加致密。致密的水合物也会进一步增加水合物与壁面界面面积的比例,降低空隙与壁面界面面积的比例。水合物与壁面接触面积的增加又会引起黏附力的增加。

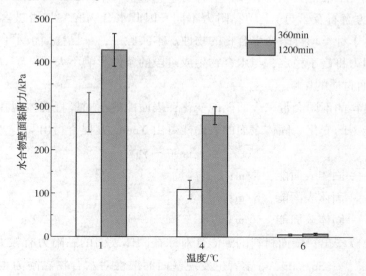

图 4-8　不同温度条件下水合物黏附力随生成时间的变化

2)过冷度的影响

过冷度及生成时间对环戊烷水合物的生长有重要影响。现有的文献指出[5-6],两个水合物相互接触时,过冷度对水合物颗粒间的黏附力有重要影响,这是因为过冷度会影响水合物表面的液膜层厚度,进而影响水合物颗粒间的液桥体积,改变两个水合物颗粒间的毛细管力。本实验开展了过冷度对环戊烷水合物在壁面黏附力的影响的研究，选用 2000 目砂纸打磨的碳钢片，设定水合物生长时间为 360min 及 1200min，对比了 1℃（过冷度为 6.7℃）、4℃（过冷度为 3.7℃）及 6℃（过冷度为 1.7℃）下的壁面黏附力，结果见图 4-8。

由图 4-8 可见，在生成时间为 360min 时，高过冷度条件下水合物黏附力稍高一点；而当水合物生成时间延长到 1200min 时，过冷度对水合物黏附力的影响趋弱。这表明，过冷度主要影响水合物的生长速率，高过冷度意味着更高的生长速率和壁面接触面积；而当水合物生长趋于完全时，过冷度的影响力也随之降低了，这时的水合物黏附力在不同过冷度条件下的差异已不算显著。2015 年，Sojoudi[7] 指出，相同条件下，不同过冷度引起的水合物黏附力差异可能来源于水合物水合数目的不同。在水合物生成期间，高过冷度意味着高生成动力，过快的生成速率会造成部分水合物空腔没有被环戊烷分子占据，因此改变环戊烷水合物的分子及晶体结构，进而造成与避免接触的水合物分子物性出现变化，改变了黏附力。2011 年，Jung[8] 指出，不同客体分子（CH_4、THF 及 CO_2）的水合物在同一壁面材料（方解石及云母）上的黏附力不同，因此水合物腔室是否被客体分子占据及客体分子种类均可改变水合物的物性。本实验中，一旦壁面被水合物沉积覆盖，则黏附力将趋于稳定，与水合物生成阶段的条件影响不大。

3）壁面材质的影响

壁面材料的不同会带来表面能的变化，表面能的不同最直观体现在液相在其上的润湿能力的变化。固体表面的表面能可由 Young 方程[9] 得出：

$$\gamma_{sg} = \gamma_{lg} \cos\theta + \gamma_{sl} \qquad (4-1)$$

式中　γ_{sg}——固体表面能，N/m；

　　　γ_{lg}——固体表面能，N/m；

　　　γ_{sl}——固体表面能，N/m。

大量文献指出，壁面材料的润湿性对冰在固体表面的黏附力有较大影响[10]，同样，Smith[11]、Sojoudi[7] 等学者也发现壁面润湿性对水合物黏附力也有较大影响。为测定本实验中壁面材料对水合物黏附力的影响，特选用了碳钢、铜、聚四氟乙烯以及超疏水表面作为基底壁面材料，探索 1℃ 条件下，水合物生成时间为 360min 时的壁面黏附力。碳钢及铜事先由 2000 目砂纸打磨。这些材料不一定在油气集输过程中得到应用，作为基础研究的一部分，可为水合物壁面沉积机理的探索提供参照。为探索不同材质的润湿性与水合物黏附力的关系，特测定了各壁面材料的接触角，见表 4-1。

表 4-1　液滴在不同壁面的静态接触角

接触角/(°)	材 质			
	碳钢	黄铜	聚四氟乙烯	超疏水膜
空气中	62±3.5	61±2.3	102±2.1	160±3.1
环戊烷中	120±4.2	136±3	163±3.1	170±2.5

　　图 4-9 显示了不同壁面上水合物黏附力的测试结果，可以看出环戊烷水合物在铜壁面的黏附力值接近其与碳钢壁面的黏附力值；聚四氟乙烯与水合物的黏附力最小，为(14.08±2.22)kPa[3]。图 4-10 为各壁面所测接触角与水合物黏附力的关系，可以看出水滴在壁面接触角与壁面水合物黏附力有一定的关联(紫色数据点)，而蓝色数据点(超疏水表面)偏离趋势线较远。一个可能的原因是，紫色数据点对应的壁面材料粗糙度较为接近，水合物黏附力受润湿性主导；超疏水表面有大量的微结构，表面粗糙，此时表面润湿性不是唯一主导因素，粗糙度的影响不容忽视。

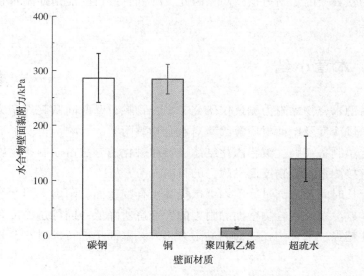

图 4-9　不同壁面材料对水合物黏附力的影响

　　从图 4-10 中可以看出，对于粗糙度较为接近的壁面(紫色数据点)，水合物黏附力随着表面疏水性的增加而减小，根据式(4-1)可以得出，固体表面能越高，水合物在壁面的黏附力越大。Aspense[12]测定了环戊烷水合物颗粒在不锈钢、铝片、黄铜以及环氧树脂等材料表面的黏附力，同样也发现了固体表面自由能越

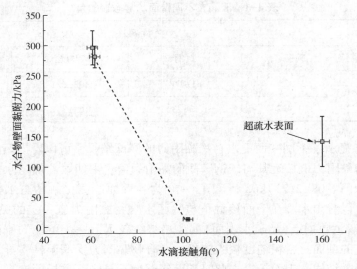

图4-10　水合物壁面黏附力与水滴接触角的关系

高，水合物在其上的黏附力也越高。因此，降低管壁自由能是抑制水合物沉积黏附的方法之一。

4.3　本章小结

本章借助水合物黏附力测量仪研究了水合物颗粒壁面间微观聚集力，考察了生成时间、过冷度及壁面材质等因素对水合物黏附力的影响，得出了下列结论：

采用低温制备液膜、液膜固化结冰以及冰融化诱导法可以制备足够量的水合物，达到直接测量水合物壁面黏附力的目的。

延长生长时间及提高过冷度均可以提高水合物壁面黏附力，当水合物生长趋于完全时，过冷度对水合物壁面黏附力的影响有所降低；同等过冷度条件下，壁面水润湿性越强，水合物在壁面的黏附力越大；壁面粗糙特性对水合物黏附力有较大影响。

参 考 文 献

[1] AspenesG, Dieker L E, Aman Z M, et al. Adhesion force between cyclopentane hydrates and solids surface materials[J]. Journal of Colloid and Interface Science, 2010, 343(2): 529-536.

[2] Kelland M A. Production chemicals for the oil and gas industry[M]. Boca Raton: CRC

Press, 2009.

［3］田晋林. 油气管道水合物壁面生长沉积机制研究［D］. 青岛：中国石油大学(华东), 2018.

［4］Abay H K. Kinetics of gas hydrate nucleation and growth［D］. Stavanger：University of Stavanger, 2011.

［5］Taylor C J, Dieker L E, Miller K, et al. Micromechanical adhesion force measurements between tetrahydrofuran hydrate particles［J］. Journal of Colloid and Interface Science, 2007, 306(2)：255-261.

［6］Aman Z M, Olcott K, Pfeiffer K, et al. Surfactant adsorption and interfacial tension investigation on cyclopentane hydrate［J］. Langmuir, 2013, 29(8)：2676-2682.

［7］Sojoudi H, Walsh M R, Gleason K K, et al. Investigation into the formation and adhesion of cyclopentane hydrates on mechanically robust vapor-deposited polymeric coatings［J］. Langmuir, 2015, 31(22)：6186-6196.

［8］Jung J W. Santamarina J C. Hydrate adhesive and tensile strengths［J］Geochemistry. Geophysics, Geosystems. , 2011, 12(8)：1-9.

［9］Onda T, Shibuichi S, Satoh N, et al. Super-water-repellent fractal surfaces［J］. Langmuir, 1996, 12(9)：2125-2127.

［10］Meuler A J, Smith J D, Varanasi K K, et al, Relationships between water wettability and ice adhesion［J］. ACS Applied Materials & Interfaces, 2010, 2(11)：3100-3110.

［11］Smith J D, Meuler A J, Bralower H L, et al. Hydrate-phobic surfaces：fundamental studies in clathrate hydrate adhesion reduction［J］. Physical Chemistry Chemical Physics, 2012, 14(17)：6013-6020.

［12］Aspenses G. The influence of pipeline wettability and crude oil composition on deposition of gas hydrates during petroleum production［D］. Bergen：University of Bergen, 2009.

第5章 天然气水合物管线壁面沉积防治研究

　　水合物在管壁表面沉积是引起管道水合物堵塞的重要因素，而要揭示水合物在管壁沉积的诱因和机制还必须从微观角度进行探索。第4章的研究表明，水合物在管道壁面的沉积黏附现象与水合物在壁面的润湿性等因素密切相关。

　　本章将借助实验室自组装的微观观测装置(见章节4.1)，开展水合物颗粒在壁面的沉积生长等微观实验，考察化学剂对水合物壁面黏附力及沉积生长过程的影响。同时，采用物理改造法，在X90管线钢材料上制备一层带有仿生微结构的疏水涂层，以评价其对水合物壁面沉积生长过程的影响，同时考察疏水涂层的水合物黏附力特征，以探索水合物壁面沉积的防治方法。

5.1 防聚剂对水合物壁面黏附力的影响

　　油气管道注入化学剂是传统的水合物防治方法之一，主要包含两大类：热力学抑制剂以及低剂量抑制剂。热力学抑制剂溶于水相，能改变水相体相的热力学特性及水合物相平衡条件，使水合物生成域向更低温度及更高压力方向偏移；热力学抑制剂通常为低分子醇、无机盐等物质，其中低分子多元醇类原料易得，羟基含量高，抑制效果好，但是用量较大，经济性欠佳，本节不涉及。相比传统类水合物抑制剂，低剂量抑制剂优势明显，也得到了较多的关注。低剂量抑制剂主要分为动力学抑制剂和防聚剂两类。动力学抑制剂主要为聚合物，溶于水相，能够使延迟水合物生成或延缓水合物生长；防聚剂主要为界面活性物质，可吸附于相界面，能促使生成的水合物晶体分散成微小颗粒并悬浮于油水混合流体内，达到抑制水合物聚集的目的。水合物防聚剂是低剂量抑制剂的一种，其允许水合物在管道内生成，但会阻止水合物颗粒聚集成块并堵塞管道。目前，关于水合物防聚剂的作用机理有不同的阐释，主流观点认为将水相乳化并分散于液烃相是水合物防聚剂的基本功能。水合物生成之前需将油水体系乳化成油包水乳液，水相以分散相液滴的形式悬浮于油相，当水滴转化为水合物时会直接以颗粒形式分散于管道流体内。还有一部分观点对此理论进行了补充，Sun 和 Firoozabadi[1] 等人发现 AA 可以在不含液烃相的纯水中有效防止水合物聚集，因此提出了一种纯水条件下的防聚理论。

目前，针对化学剂对水合物壁面黏附力影响的研究比较少见，而水合物黏附力的研究较多关注于已生成的水合物颗粒与壁面之间的作用力。为此，有必要研究壁面成核生长的水合物的黏附力，并考察化学剂等因素的影响规律。

5.1.1　实验材料

目前，防聚剂多用于研究降低水合物颗粒之间的黏附力或抑制 Flowloop 管流堵塞的实验研究，在降低水合物的壁面黏附力方面研究不多。基于非离子水合物防聚剂的耐盐、无毒及绿色环保等优点，本实验选取了三种非离子表面活性剂：十二烷基苯磺酸（DBSA）、Span 80 及 AA，其结构见图 5-1。

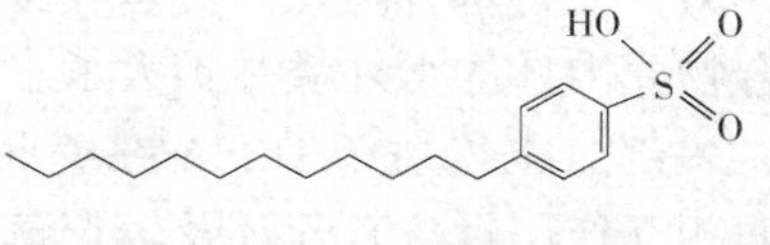

(a)十二烷基苯磺酸(DBSA)

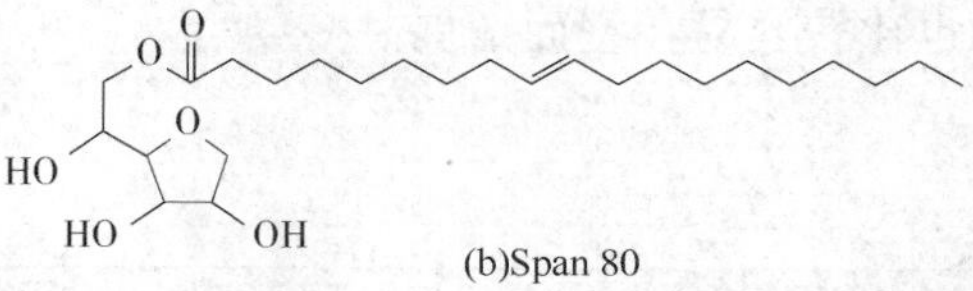

(b)Span 80

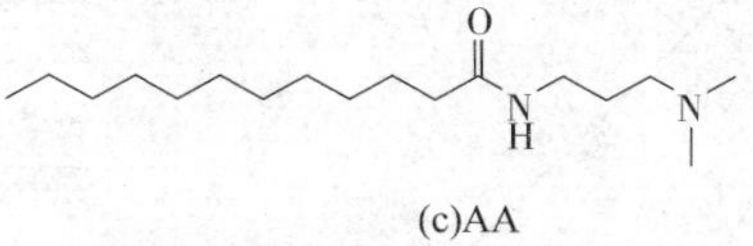

(c)AA

图 5-1　各抑制剂分子结构示意图

5.1.2　实验步骤

采用图 4-1 中所示水合物壁面黏附力测量仪测试不同防聚剂种类、浓度等条件下的水合物壁面黏附力。测试步骤与 4.2.2 提到的测试步骤相同。

5.1.3　实验结果与分析

由图 5-2 可以看出，随着三种防聚剂浓度的上升，水合物黏附力呈下降趋势。在同等浓度条件下，含 DBSA 的体系中水合物黏附力最大，含 AA 体系的水合物黏附力值最小。下面将对含防聚剂的各体系水合物黏附力特征进行分析。

对于含有 DBSA 的体系[2]，值得注意的是，在低浓度范围(<0.1%)内，水合物黏附力值未出现明显变化，甚至出现了高于不含防聚剂体系的水合物黏附力。其原因可能是 DBSA 通过氢键吸附在水合物表面(见图 5-3)使水合物壳变得疏松(见图 5-4)，水合物壳内部的水外溢产生新的水/环戊烷界面，而 DBSA 的浓度较低，无法迅速吸附在油水界面以隔绝水与环戊烷，从而加速了水合物的生长，同时也增大了水合物与壁面的接触面积，最终导致黏附力增大。2010 年，Aman[3] 在其博士论文中证实了 DBSA 对环戊烷水合物生长的促进作用。此外，Brown[4] 在其博士论文中也提到了 DBSA 对环戊烷水合物生成速率的促进作用。DBSA 无法迅速吸附在油水界面与其界面活性有关，其 HLB 值为 13.1[5]，非出色乳化剂，更易溶于水相。水合物壳内部的剩余水外溢，部分原因是 DBSA 在一定程度降低了油水界面张力，使得水合物壳内的水外溢时受到的阻力减小，油水界面比较容易扩大。水合物壳内部的水外溢并扩大了水与壁面的接触面积以及水合物与壁面的接触面积，一部分也得益于 DBSA 在壁面较弱的吸附力，DBSA 只含有一个亲水基团与壁面相互作用且含有苯环及较长疏水链，从而导致其在壁面附近的空间位阻效应明显，在壁面吸附的分子数量较少且很容易溶解到环戊烷体相中，因此溢出的水也比较容易在壁面铺展。

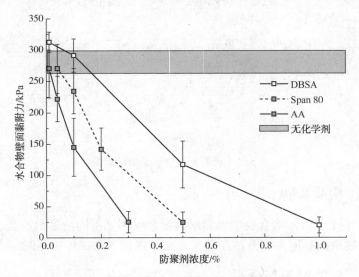

图 5-2　不同防聚剂对环戊烷水合物黏附力的影响

随着 DBSA 浓度的增加，水合物黏附力逐渐下降。可能的原因是充足的 DBSA 分子在水合物表面及壁面上形成了稳定吸附层，使得水合物更加疏松，水合物晶体结构不再规则和致密；DBSA 在体系中与水分子形成的氢键也阻止了部分水转化为水合物，降低了水合物转化率；同时 DBSA 在壁面的吸附也改变了壁面的润湿特性，使得碳钢壁面从亲水转变为疏水。上述几方面原因使得高浓度 DBSA 条件下水合物与碳钢壁面的黏附力得以大幅下降。

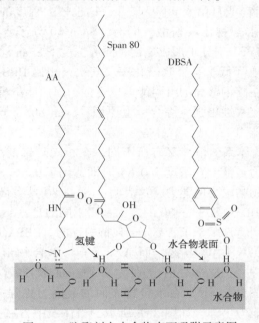

图 5-3　防聚剂在水合物表面吸附示意图

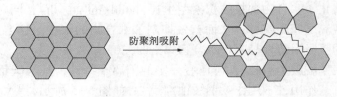

图 5-4　防聚剂吸附引起水合物晶格畸变示意图[29]

对于含 Span 80 的体系[2]，水合物黏附力随着 Span 80 浓度的上升而减小。在相同浓度条件下，Span 80 体系的水合物黏附力更低，在浓度为 0.5% 时即达到了 1% DBSA 所具有的降低水合物黏附力的能力，这表明了 Span 80 具有较优异的降低水合物壁面黏附的能力。与 DBSA 不同的是，Span 80 有三个羟基，与水合物形成氢键的位点更多(见图 5-3)，因而 Span 80 可以更牢固吸附在水合物表面。相比 DBSA，Span 80 在水合物表面的较强吸附特性，使得水合物晶格紊乱程度更高(见图 5-4)，水合物壳更加疏松。2012 年，Karanjkar[6] 等研究了 Span 80 对环戊烷水合物生长形态的影响，发现 Span 80 可以使环戊烷水合物出现毛绒状等蓬松形态，水滴转化为水合物后其体积增大了 2 倍以上。此外，Span 80 的 HLB 值为 4.3，是比较好的油包水乳化剂，其在油水界面的吸附能力较好，形成界面吸附膜具有一定的强度，可以防止液滴之间的聚并。上述两个原因使得含 Span 80 体系的水合物与液滴（或自由水）不易聚并，这也较大程度的干扰和抑制了水合物的生长，此时的水合物比较松散。同时，Span 80 分子含有三个羟基，单个 Span 80 分子可以与三个水分子形成氢键，同等浓度下 Span 80 可以束缚更多的水分子，从而更有效地降低了水合物转化率；其次，相比 DBSA 分子，Span 80 的极性基团更多，其在碳钢壁面的吸附能力也更强，因而能更有效地改变壁面的润湿特性，使得壁面疏水性更强。综合以上原因，Span 80 分子具有更强的降低水合物壁面黏附力的能力。

对于含有 AA 的体系，情况又有所不同。在相同防聚剂浓度条件下，含 AA 体系的水合物黏附力最低，在浓度为 0.3% 时即达到了 0.5% Span 80 或 1% DBSA 所具有的降低水合物黏附力的能力，这表明了 Span 80 具有最高的降低水合物壁面黏附的能力。与 DBSA 及 Span 80 的亲水基团不同的是，AA 不含有磺酸基团或羟基，而是叔胺基团，这赋予了 AA 分子独特的性能。DBSA 及 Span 80 分子与水合物表面均形成 O⋯H—O 氢键，而 AA 分子与水合物形成 N⋯H—O 氢键（图 5-3），而这两种氢键的焓值分别为 21kJ/mol 及 29kJ/mol[7]，这意味着 N⋯H—O 氢键更牢固，AA 分子在水合物表面的吸附力更强。因此，AA 改变水合物表面润湿性的能力更强，如图 3-6 所示，当体系中含有 0.1% 的 AA 时，环戊烷水合物表面与水滴之间已无任何润湿行为，也因此隔绝了水合物颗粒与环戊烷的接触，阻止了水合物颗粒的积累型生长（build-up growth），同时也抑制了水合物颗粒与液滴之间的聚并，从而有效抑制了水合物的聚集。综上，AA 分子在水合物表面的强吸附特性是阻止水合物聚集的关键。

此外，烷基酰胺类叔胺（AA）还有一定的阳离子特性，其与碳钢壁面也有较好的吸附与遮蔽作用，常用作碳钢缓蚀剂[5,8]。如图 5-5 所示，AA 分子的酰胺、叔胺官能团含有一定供电子能力的 N 原子，而碳钢表面的铁原子则含有空的杂化 d 轨道，可以接受 N 原子的电子而形成配位键。可见，AA 分子与铁原子由于配位键而吸附在碳钢表面，属于化学吸附[9]。而 AA 分子的长疏水链则改变了金属表面的润湿特性，形成疏水层，对金属表面形成屏蔽保护作用，阻止水溶液在碳钢壁面的润湿从而起到了缓蚀效果；由于水合物表面有一定的亲水特性，疏水层对水合物等物质在碳钢表面的黏附起到了一定的抑制作用。

基于以上分析可得，AA 分子在水合物表面的氢键吸附以及在碳钢表面的配位化学吸附是有效降低水合物在碳钢壁面黏附力的关键。

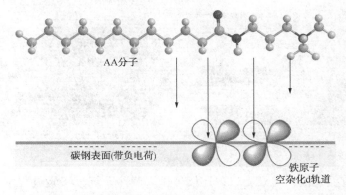

图 5-5　AA 分子在碳钢表面的化学吸附示意图[9]

5.2　防聚剂对水合物壁面生长形态的影响

5.2.1　实验材料

1. 药品

环戊烷：环戊烷与水可以在常压条件下生成 Ⅱ 型水合物，相平衡温度为 7.7℃。环戊烷在水相中的溶解度较小，与天然气在水相中的溶解度类似，因此适合作为室内天然气水合物来研究。本论文中环戊烷纯度为 96%，购自 Aladdin 公司。

防聚剂：椰子油酸酰胺改性物（AA，Lubrizol），为天然提取物改性产品，绿色无生物毒性，其主要成分为椰子油酸酰胺丙基二甲胺（80%~89%，有效成分）、丙三醇（5%~10%）、少量游离胺及水。

蒸馏水：去离子水取自实验室净水系统（Continental Water System）。

2. 实验器材

为观测环戊烷水合物在壁面的生长行为，自组装了一套可视化水合物观测仪。该装置主要包括微观操作系统、显微拍照/录像系统、温度控制系统以及数据处理系统，具体见图 5-6。

微观操作系统：此系统主要为一个石英立方槽，为石英片黏接而成，内置环戊烷。石英方槽外接一个闭式金属夹套以提供冷浴环境。实验过程中将一块方形（1cm×1cm）壁面材料内置于石英槽中，并滴加一水滴于壁面材料上，观察液滴由水与环戊烷反应生成水合物。石英槽前端含有视窗以便观察水合物生长；立方金

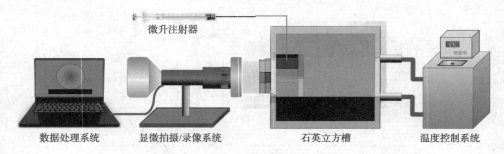

图 5-6　水合物壁面生长观测仪

属夹套后侧有循环液入口及出口以连接外循环制冷系统。实验过程中立方金属夹套及循环管线由保温材料包裹，避免热量散失。

显微拍照/录像系统：包括显微镜（DV-100，放大倍数为 50~500 倍，无锡瀚光科技有限公司）及能实时录像的彩色摄像机（像素为 500 万），录像帧数为 33 帧/秒。

温度控制系统：主要包括外循环制冷机（Scientz DC-2006，工作温度为-20~99.99℃，控温精度为 0.01℃）以及循环回路等。循环液为乙二醇型环保防冻液（LEC-Ⅱ-25，工作温度为-25℃，Ethylene Chemical Co. Ltd.），经恒温槽冷却后输出，进石英槽夹套冷浴循环并提供稳定的低温环境。

数据处理系统：主要包括电脑终端及配套录像处理软件等单元。

5.2.2　实验步骤

实验前首先将方形壁面材料（X90 管线钢钢片或其他材料）先后用 800 目及 1200 目的砂纸打磨至镜面效果。将壁面材料平放于石英方槽内，注入环戊烷，随即将外循环制冷剂打开，循环制冷。若后注入环戊烷则可能因为石英方槽内壁有冷凝水蒸气导致石英方槽壁面上生长水合物。首先将体系温度调至-3℃并恒定至少 30min。用微升注射器将一滴液态水（2μL）小心放置于浸在环戊烷内的方形壁面材料上，以 1℃/20min 的升温速率将体系温度逐渐升至 1℃，并稳定 30min 以上。随后，将一粒水合物晶种由玻璃纤维（直径 25μm）缓慢置于液滴上方以诱导环戊烷水合物的生成。晶种尺寸尽量偏小，以避免对水合物生长形貌的过度干扰。将石英方槽内环戊烷温度保持在 1℃（海底海水温度通常为 2~4℃[10]），使液滴完全转化为水合物。在液滴置入环戊烷内的方形壁面材料表面后开始实时记录水合物的生长行为。

若考察防聚剂 AA 对环戊烷水合物在壁面材料表面的生长形态，则需首先将 AA 溶于易溶相，油溶性化学剂首先溶于环戊烷，然后注入石英方槽。每次实验结束，需用丙酮、乙醇彻底清洗容器，并用压缩空气吹干后备用。

5.2.3　实验结果与分析

1. X90 管线钢表面水合物生长形态

本实验考察了 1℃ 及 4℃ 条件下水滴在 X90 管线钢表面发生的水合物相变及水合物生长过程，分别由图 5-7 及图 5-8 所示。

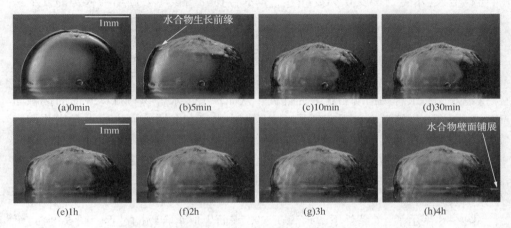

图 5-7　1℃ 条件下水合物在 X90 钢片表面生长形态

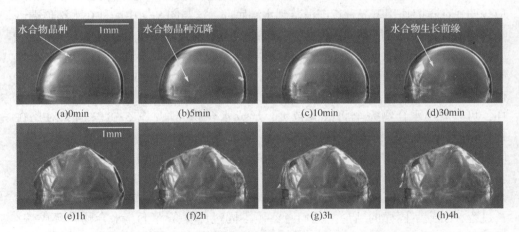

图 5-8　4℃ 条件下水合物在 X90 钢片表面生长形态

由图 5-7 可以看出，在环戊烷相中，液滴在放置到 X90 管线钢表面后呈现标准的半圆形态，经 ImageJ 软件计算测得接触角为 94.1°。当晶种放置到液滴顶端后经过诱导水合物迅速沿着环戊烷与水相界面生长，可以观察到水合物生长前缘沿着液滴顶端迅速铺展，在 10min 时已将液滴完全包裹，形成严实的水合物壳。因过冷度较高（6.7℃），水合物生长速度极快，水合物晶体表面粗糙不平，光泽度较低。在生长 10min 后，因水合物壳的存在，阻止了外界环戊烷与水合物壳内水的接触，此时水合物壳传质限制明显，水合物生长极为缓慢，水合物外观形貌基本位置不变。随着水合物生长的继续，水合物壳逐渐变厚，因相变后水合物体积增大（水合物密度 0.91g/mL）[6]，水合物壳内核压力逐渐增大，部分水从水合物低端沿着 X90 管线钢表面铺展，并进一步转化为一层的水合物薄膜，因此扩大了水合物与 X90 钢片壁面的接触面积。这一现象与 Farnham[11-12] 等学者观察到的现象一致。Farnham 等学者观察了 1℃ 条件下，环戊烷相中光滑石英玻璃表面的水滴相变为水合物（晶种诱导）的过程，发现水合物生长 2h 后，原水合物壳保持不变，而水合物沿着石英表面铺展，从而扩大了水合物与石英壁面的接触面积。Karanjkar[6] 等学者也观察到了环戊烷相中水滴在金属表面生成水合物并彻底铺展的现象，在他们的实验中水合物相变由水滴固化成冰粒并由冰粒融化诱导，水合物铺展也是因为水合物壳内水相外溢引起的，水合物转化完成后呈薄层状完全覆盖了金属表面。Karanjkar 等学者将此过程归纳为三步，即水合物成核、侧向生长及纵向生长。

图 5-8 展示了 4℃ 条件下，水滴在 X90 表面生成水合物的过程。图 5-8（a）可以清晰地观察到晶种在水滴表面自由浮动，因过冷度较低（3.7℃）晶种诱导生长效应较弱，在重力作用下晶种逐渐滑落到水滴底部。这与图 5-7 中晶种在水滴顶端迅速诱导水合物生长有所不同，因此，因过冷度的不同会改变水合物生长模式。

由图 5-8 可以看出，当晶种滑落到水滴-环戊烷-壁面三相线（TPL）后，水合物由液滴底部沿着相界面逐渐向上生长，生长过程中水合物生长前缘呈现规则的枫叶形状，表明低过冷度条件下水合物生长的晶体较为规则。当生长时间延长至 1h，可以看出水合物完全将液滴包裹，形成水合物壳［见图 5-8（e）］，对比在 1℃ 条件下 10min 内生成水合物壳的情况，4℃ 条件下水合物生长速率显著下降。同时，对比图 5-7 中水合物壳的形状，图 5-8 中的水合物壳棱角更为分明，呈现多面体特征，同时水合物棱面更为光滑，平整度更高，说明在低过冷度条件下水合物晶形更规则。Sakemoto[13] 等学者观察了试管中环戊烷与纯水界面的水合物生长过程，得到了同样的结论。他们考察了不同过冷度条件下，水合物在环戊烷/纯水界面的生长形态，发现水合物形貌与过冷度密切相关，在过冷度小于 2.0℃ 条件下，水合物晶体呈现多边形，水合物晶体较大，棱角分明，单个晶面较为光滑；在过冷度位于 2.0~4.5℃ 之间时，水合物晶体尺寸变小，呈现小多边形形态；在过冷度高于 4.5℃ 时，水合物晶体较为细碎并在界面密集堆积，水合物表面平整度下降，呈现粗糙特征。值得注意的是在图 5-8（h）中未观察到水外溢引起的水合物铺展现象，这可能是由于水合物生长过于缓慢，水合物壳内核的压力尚不足。

2. 防聚剂 AA 对水合物生长形态影响

考虑到 AA 对环戊烷水合物生长的抑制性（见图 3-6 及图 3-12），本实验主要考察实验温度为 1℃（过冷度 6.7℃），考察 AA 浓度（占环戊烷相）分别为 0.04%、0.08% 及 0.12% 时 X90 钢片表面水合物生长形态。实验温度为 4℃（过冷度 3.7℃）条件下，选择浓度为 0.12%。

图 5-9 显示的是 1℃ 条件下，AA 的剂量为 0.04% 时水合物在 X90 管线钢表面的生长形态。由图 5-9（a）可见，当晶种引入液滴表面时并未立刻诱导水合物生成，而是逐渐滑落到液滴低端，使水合物由液滴底部向上沿着液滴表面生长，这与图 5-8 相似，也与 Karanjkar[6] 等学者观察到的现象类似。当生长时间延至 30min 时，液滴表面的绝大部分被水合物壳覆盖，液滴顶部表面尚未转化为水合物，而在图 5-7 中水合物壳将液滴包裹只需要 10min，因此 AA 的存在明显延缓了水合物的生长速率。

当水合物生长时间延长至 1h，可以看出由于水合物壳的生长，大量自由水由水合物壳最薄弱的顶部（生长时间最短）溢出，并因此产生了新鲜的环戊烷/水界面，从而加快了水合物的生成。水合物生成速率加快可能是由于 AA 的浓度较低，当水合物开始生长后，大量的 AA 分子由环戊烷体相吸附至水合物表面，体相中 AA 浓度因此下降，造成部分 AA 分子由环戊烷/水界面脱附，液滴顶端剩余的环戊烷/水界面因此缺少致密稳定的 AA 吸附膜来保护自由水，当大量自由水溢出后，自然促进了水合物的生成。AA 分子在水合物表面的优先吸附由 Sun 及 Firoozabadi 于 2013 年提出[1]，而 AA 分子不能在油水界面形成稳定吸附膜可由图 3-11 得出。

由图 5-9（g）~图 5-9（h）可见，当水合物加速生成后，最终的水合物呈现蓬松形态，这可能是溢出的自由水与环戊烷接触后迅速生成所致，同时 AA 分子在水合物表面的吸附也打乱了水合物晶体排列情况，致使晶格紊乱以及晶体蓬松。Kanranjkar[6] 等学者也观察到了 Span 80（浓度 0.1%，体积分数，占环戊烷相）存在条件下，水合物在铝片表面最终呈现蓬松毛发状，他们认为呈现毛发状的水合物晶体是由于表面活性剂引起的空心锥状水合物晶体堆积，进而自由水放射性外溢引起的。

图 5-10 显示了在 1℃ 条件下，AA 的剂量为 0.08% 时水合物在 X90 管线钢表面的生长形态。可以看出，在液滴被水合物壳包裹之前，水合物生长形态与图 5-9（a）~图 5-9（d）相似，唯一有区别的是在更高浓度 AA 作用下，水合物壳的

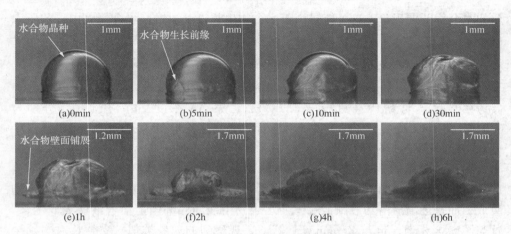

图5-9 1℃、0.04%AA条件下水合物在壁面生长形态

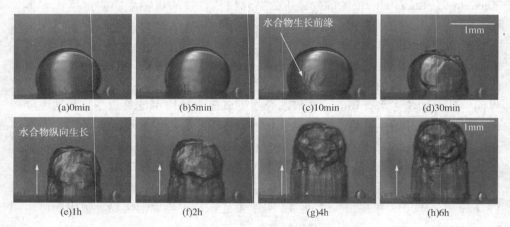

图5-10 1℃、0.08%AA条件下水合物在壁面生长形态

生成速率更慢了。综合图5-9及图5-10可以得出，AA可以延缓水合物壳的生成速率。在图5-10中，当液滴完全被水合物壳包裹后，有趣的现象发生了，原来的水合物壳下方出现不断增高的水合物柱体，整个水合物壳呈"竹笋"状向上生长。这应是首次观察到水合物在壁面的柱状生长形态。

图5-11显示了在1℃条件下，AA的剂量为0.12%时水合物在X90管线钢表面的生长形态。有意思的是，在原液滴被水合物壳包裹之后也呈"竹笋"状向上生长，而原液滴表面的水合物壳形貌基本维持不变。Kanranjkar[6]等学者曾观察到在Span 80及低过冷度作用下水合物在油水界面呈现空心六棱锥的形态。在本实验中水合物在X90管线钢表面呈现类似"竹笋"生长的形态，应该是与活性剂浓度、吸附特性及过冷度有关。

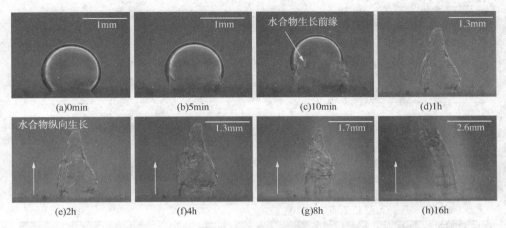

图 5-11　1℃、AA 为 0.12%条件下水合物在壁面生长形态

　　图 5-12 显示了在 4℃条件下，AA 的剂量为 0.12%时水合物在 X90 管线钢表面的生长形态。实验发现低过冷度条件下水合物极难生长，加入晶种后约 2h 才开始生长。有趣的是，在水合物生长之前液滴已经在壁面慢慢铺展，这可能与表面活性剂在油水界面的缓慢吸附有关，温度上升时 AA 分子在环戊烷相中的溶解度增加，在油水界面的脱附也明显，当水滴表面吸附有足够 AA 分子时，油水界面张力降低，因此液滴容易发生形变。需要注意的是，液滴在钢片壁面摊开后其流动性也很强，这可能是由于在液滴与钢片表面仍有一层 AA 吸附膜所致。

　　由图 5-12 可以看出，在加入晶种 8h 后，水合物沿着液滴表面开始加速生成。由于过冷度较低，水合物并不完全沿着油水界面生长，而是呈现一定的棱角形态。在加入晶种 16h 后，液滴大致被水合物壳完全包裹，水合物壳呈现双峰形态，这与晶种附近的水合物优势生长及多点成核生长有关。一个有趣的发现是，水合物壳完全包裹液滴后，依然垂直于钢片向上生长，这与 1℃条件下的水合物壳拔高式生长有相似之处。由于先前液滴与钢片界面积较大，水合物壳向上生长的幅度有限。需要注意的是，当水合物向上生长完全后，其晶体结构呈现镂空状，晶体下部与钢片表面呈现点状接触，其结构比较疏松，容易坍塌，这可能与 AA 分子扰乱了水合物晶体结构有关。水合物与壁面无明显固结现象，黏附力因此较弱，AA 防水合物壁面沉积性能较好。

　　图 5-13 展示了水合物壳纵向"竹笋"状生长的机理，由图 5-13（a）可见在水合物开始生长之前 AA 分子主要吸附在环戊烷/水界面上以及 X90 钢片表面上（化学吸附，见图 5-5）。由于 AA 剂量充足，部分 AA 分子溶于环戊烷相中并形成大

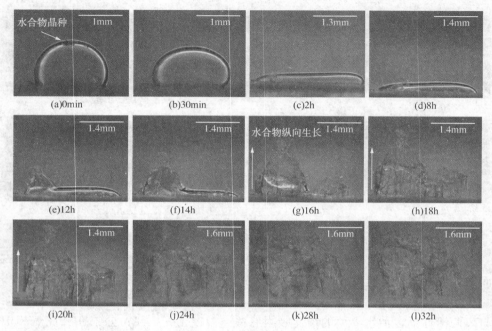

图5-12　4℃、AA为0.12%条件下水合物在壁面生长形态

量胶束。当水合物壳生成后，水合物表面同样被 AA 分子牢牢吸附，形成致密的吸附膜（氢键吸附，见图5-3），水合物壳生成后其内核自由水受到挤压有溢出的趋势。由于水合物壳的传质限制及 AA 分子吸附膜的阻隔作用，自由水不易由水合物壳溢出，同时由于水合物与壁面的黏附力较小（见图5-2），当内核压力足够大时自由水更倾向于将水合物壳顶起，使底部自由水逐渐与环戊烷接触，并迅速生成水合物作为新增的水合物壳的一部分［见图5-13（c）］，同时也被 AA 分子吸附。随着水合物壳的继续增厚，内核水受压后又继续将原水合物壳顶起。需要强调的是，应有足够量的 AA 分子用于吸附不断增加的水合物表面，同时也应有足够高的过冷度以使自由水与环戊烷接触时迅速生成水合物。以上应是本实验中水合物壳呈"竹笋"状生长的原理。图5-9 中未见水合物呈竹笋状生长，应是由于 AA 剂量不足，导致自由水与环戊烷界面无法形成稳定牢固的界面膜，从而未能阻止自由水溢出并加速了水合物生长。图5-12 中未见水合物呈单一竹笋状生长，应该与 AA 分子浓度较高及过冷度较低有关，晶种加入后未能迅速诱导水合物壳生成，导致液滴在界面张力降到足够低时出现形变并摊开，水合物随后多点成核生长。

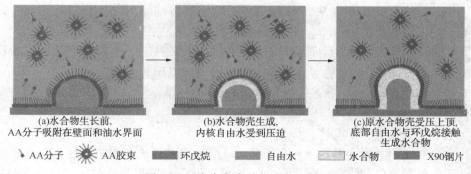

(a)水合物生长前，　　　　　(b)水合物壳生成，　　　　(c)原水合物壳受压上顶，
AA分子吸附在壁面和油水界面　内核自由水受到压迫　　　底部自由水与环戊烷接触
　　　　　　　　　　　　　　　　　　　　　　　　　　　生成水合物

🖌AA分子　🟡AA胶束　▬环戊烷　▬自由水　▫水合物　▬X90钢片

图 5-13　水合物壳纵向生长机理图

5.3　壁面超疏水改性对水合物沉积的影响

管道内添加化学助剂可以有效抑制水合物的沉积，鉴于管道流体的流动性，化学试剂会被流体冲走。为防止水合物堵塞风险，则需持续向管线中加注化学抑制剂，这会增加油气生产的经济及施工成本。近几年，管道壁面超疏水改性以防治水合物在管线壁面的沉积在得到了部分研究人员的关注[11]。相关研究人员制备了疏水聚合物以涂覆在管线基底材料上，并较好地降低了水合物壁面沉积趋势[14]。目前，直接在管线钢基底表面构筑微结构，获得超疏水特性并应用于抑制水合物沉积黏附的研究尚未见有学者发表。因此，有必要对管线内壁疏水改性进行研究，以评价其在降低水合物沉积及堵塞风险领域的应用前景。

本章节将在 X90 管线钢材料上制备一层带有仿生微结构的疏水涂层，评价其对水合物壁面沉积生长过程的影响，同时考察疏水涂层的水合物黏附力特征。

5.3.1　实验材料

1. 药品

X90 管线钢片的尺寸为 20mm×50mm×3mm，作为基底材料；纯铜片的尺寸为 20mm×50mm×3mm，作为电镀铜原料；丙酮，分析纯，纯度99%，购自 Aladdin 公司；五水硫酸铜（$CuSO_4 \cdot 5H_2O$），分析纯，纯度99%，购自国药集团；盐酸，纯度37%，购自国药集团；硫酸，纯度98%，购自国药集团；过硫酸钾，纯度96%，国药集团；氢氧化钾，纯度95%，国药基团；硬脂酸，纯度99%，购自 Aladdin 公司。

2. 实验器材

扫描电镜：扫描电镜（Hitachi S4800，FE-SEM，Tokyo，Japan）为高分辨冷场发射扫描电子显微镜，用来观测疏水涂层的微结构。测试电压为 5kV，其分辨率为 1.5nm，放大倍数可达 500000 倍。实验前需要将样品用导电胶带固定在样品盘上，置入设备后需抽真空、喷金，随后测试。

X 射线衍射仪：X 射线衍射仪（X′Pert Pro）用来测定 X90 钢基底表面的镀层相组成。测试时采用 Cu 靶 K_α 辐射（1.5406Å）测试电压为 40kV。

接触角测量仪：动/静态接触角仪（SL200B，Kino，USA）用来测定液滴在壁面材质上的接触角。

水合物壁面生长观测仪，详见图 5-6。

水合物壁面黏附力测量仪：自组装了一套水合物壁面黏附力测量仪。在水合物壁面生长观测仪（见图 5-6）的基础上增添了微观机械力测试单元，见图 5-14。这个测试单元含有一个移动机械臂，机械臂安装在三维交叉导轨型手动调节滑台（LY125，行程为 50mm，精度为 10μm）上，并在机械臂末端装有一根玻璃纤维，通过玻璃纤维拨动在壁面上的水合物颗粒，可得到使水合物脱落时的弹性位移 δ。根据水合物壁面黏附力范围的不同，可以更换不同直径的玻璃纤维。玻璃纤维采用石英毛细点样管受热拉伸而得。

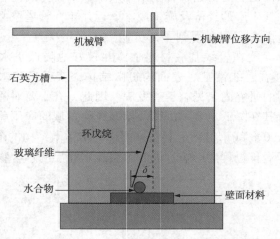

图 5-14　水合物壁面黏附力测量仪（δ 为玻璃纤维弹性形变值）

水合物颗粒在壁面材料上生成涉及的液滴植入、诱导成核及生长过程与 5.2.2 所述过程相同。

5.3.2　实验步骤

1. X90 钢片超疏水涂层制备

图 5-15 显示了在 X90 钢片表面制备超疏水涂层的过程。实验前首先将 X90 管线钢及纯铜片先后用 600 目、1200 目及 2000 目砂纸打磨直至出现镜面效果。

然后依次用蒸馏水、无水乙醇、丙酮清洗，以除去表面的粉尘颗粒、水分及油脂类污染物，用压缩空气吹干备用；在室温条件下将管线钢片用盐酸溶液浸泡 10s，以除去钢表面可能存在的氧化层；酸洗过后迅速将 X90 钢片用蒸馏水清洗，以除去残留的酸溶液，用压缩空气吹干后备用；将管线钢片及铜片分别作为阳极及阴极，浸入在 23℃ 的电镀液（200g/L $CuSO_4 \cdot 5H_2O$ 及 12g/L H_2SO_4）中，保持阴极和阳极的间距为 20mm，电流密度为 5A/dm^2，恒温条件下电镀 30min[15]。电沉积之后，取出钢片，用蒸馏水清洗，并用压缩空气吹干；将含有铜镀层的钢片在 60℃ 条件下浸入 60mL 的水热溶液（2.5mol/L NaOH 及 0.065mol/L $K_2S_2O_8$）中[16]，用老化罐密封，恒温保持 60min；水热反应结束后，将钢片取出，用蒸馏水清洗，干燥，此时铜电沉积层已经氧化为黑色的氧化铜层；将氧化铜层置于硬脂酸的乙醇溶液（0.005mol/L）中，密封后浸泡 3~7 天取出，用乙醇清洗除去表面的残留物，晾干即可得到超疏水涂层。

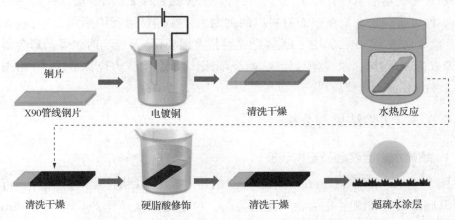

图 5-15　X90 管线钢表面制备超疏水涂层过程示意图

2. 超疏水涂层表面微结构表征

超疏水涂层微结构采用 Hitachi S4800 型冷场发射扫描电镜来表征。实验前将样品用导电胶带固定在样品盘上，放入仪器后抽真空、喷金，随后测试。测试电压为 5kV。

3. 接触角测量

选用 SL200B 型接触角测量仪测试 5μL 的液滴在样品表面的接触角，测试环境为室温，外相可以为空气或油相。每组实验须在同一样品的不同位置重复测量 5 次。

4. 水合物壁面生长形态研究

借助一套自组装的水合物壁面生长观测仪（见图 5-6），对纯环戊烷中水合物在疏水涂层壁面的生长形态进行观测。具体实验步骤与 5.2.2 所述实验步骤一致。

5. 水合物壁面黏附力测量仪

水合物与壁面间的黏附力采用玻璃纤维（直径 95μm）拨动法，见图 5-14。实验开始前，用以晶种诱导环戊烷中的水滴（放置在壁面材料上），使之生长为环戊烷水合物，并在 1℃ 条件下老化 2h。在水合物于壁面上完全生成之后，通过玻璃纤维的末端接触水合物颗粒。调节移动滑台使机械臂缓慢匀速位移，在此过程中玻璃纤维受水合物阻挡而发生弹性形变，水合物受到平推力从壁面材料上脱落，水合物脱落后机械臂停止位移，可得到其弹性位移 δ。结合玻璃纤维的弹性系数 k 即可得到水合物在壁面材料上的黏附力。在测试过程中采用显微镜（DV-100，放大倍数为 50~500 倍，无锡瀚光科技有限公司）及能实时录像的彩色摄像机（像素为 500 万），录像帧数为 33 帧/秒来记录水合物受力位移情况。δ 由图像处理软件 Image J 计算而得。

5.3.3 实验结果与分析

1. 超疏水涂层表面微结构表征

图 5-16(a) 和图 5-16(b) 显示了 X90 钢片上氧化铜层的扫描电镜图片，可见整个基底材料上布满了花朵状氧化铜突起，单个花朵状结构的尺寸为 2~6μm，由众多的氧化铜纳米薄片簇拥而成，薄片宽度为 200~600nm，薄片之间的间隙为 150~400nm。

由图 5-16 可见，在每个花朵上，花瓣多垂直于基底，花朵边缘的花瓣稍向外倾斜，形成逼真的花朵状形态。图 5-16(c) 和图 5-16(d) 显示的是由硬脂酸的乙醇溶液浸泡过的氧化铜层微结构，可见硬脂酸乙醇溶液（0.005mol/L）修饰过后的氧化铜层微结构没有明显变化。这些氧化铜层微结构与自然环境中的荷叶表面微突起结构类似[17]，因此本书中提到的超疏水涂层微结构有仿生结构的特点，而微结构的表面通常有利于超疏水表面的形成。Guo[18] 等人在铜基底表面通过水热氧化制得含有微观结构的氧化铜层，经过含氟硅烷类试剂修饰得到超疏水表面。

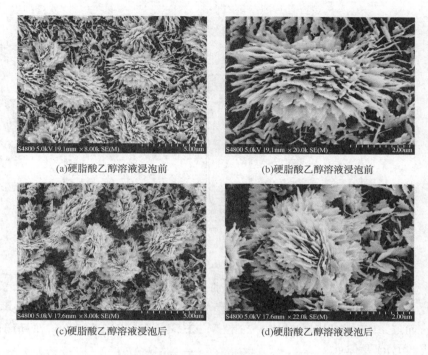

(a)硬脂酸乙醇溶液浸泡前

(b)硬脂酸乙醇溶液浸泡前

(c)硬脂酸乙醇溶液浸泡后

(d)硬脂酸乙醇溶液浸泡后

图 5-16　X90 钢氧化铜层 SEM 图

2. 氧化铜层微结构生长机理

相关文献指出，电解铜表面含有微结构的氧化铜层生长包含非均质成核及生长两个过程[151]。在水热处理过程中，因为 $K_2S_2O_8$ 的强氧化性，Cu^{2+} 离子由铜层表面释放并扩散到水热溶液内部。同时，随着水热溶液中 Cu^{2+} 离子浓度的上升，Cu^{2+} 离子与 OH^- 离子易相成核，形成 $Cu(OH)_2$ 晶核并结晶沉淀到铜层表面。随后，以沉淀的 $Cu(OH)_2$ 为中心，纳米片（花瓣）在周围随机定向生长出来，花瓣表现出交错咬合的结构。随着花瓣数量的不断增加，原晶核周围的花瓣逐渐呈簇拥状态，并垂直于基底，形成了花朵状结构。而 $Cu(OH)_2$ 结构不够稳定，在 60℃条件下即可完成脱水过程生成 CuO，同时其微结构保持不变。基于以上解释，氧化铜层生成过程可以用如下反应关系式解释[18]：

$$Cu+2OH^-+S_2O_8^{2-} \longrightarrow Cu(OH)_2+2SO_4^{2-} \qquad (5-1)$$

$$Cu(OH)_2 \longrightarrow CuO+H_2O \qquad (5-2)$$

图 5-17 显示的是 X90 管线钢基底氧化铜表层的 XRD 图谱，其中 2θ 位于

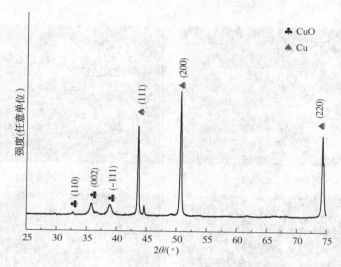

图 5-17 水热反应后氧化铜层 XRD 图谱

43.56°、50.62°及 74.33°的衍射峰分别对应 Cu 的（111）、（200）及（220）晶面，此三个峰比较强，表明电沉积过程中 Cu(OH)$_2$ 晶体优先在该晶面堆砌和生长；而经 PDF 标准卡片对比，2θ 位于 32.64°、35.76°及 38.90°的衍射峰对应生成的 CuO 晶体。

3. 疏水涂层润湿特性

图 5-18 及图 5-19 显示了水滴在 X90 管线钢片及疏水表面的润湿行为。可见，空气环境下水滴在 X90 管线钢表面的润湿角为 51°±2.5°，X90 钢表面显示了一定的亲水性，而在环戊烷环境下其润湿角为 93°±1.5°，X90 钢的亲水性有所下降。对于疏水涂层表面，在空气中水滴的润湿角为 160°±3.1°，显示出涂层优异的疏水特性，达到了超疏水特性；而在环戊烷中，其对水滴（甲基蓝染色）的润湿角为 170.7°±2.5°，疏水能力进一步增强。液滴滚动实验显示，空气中水滴在超疏水表面的滚动角为 5.7°，而在环戊烷相中液滴的滚动角只有 2.4°，这也表明了在环戊烷中，超疏水表面与液滴之间有一层薄薄的环戊烷吸附层。此环戊烷吸附层的存在应该源于环戊烷与硬脂酸疏水链（—CH$_2$—及—CH$_3$ 基团）的相似相溶原理，而这些基团与水分子之间的相互作用力极小。

图 5-20 显示了水滴（5μL）在超疏水表面的接触、挤压及脱离过程。由图可见，水滴在接触超疏水表面前由于自身重力使针头正下方的受力部分出现了"缩颈"特征；将水滴继续向下位移，接触超疏水表面，可以看出水滴在表面无铺展行为，仍表现为圆球形；当注射器针头继续下行，液滴受到压迫并偏离了针头中

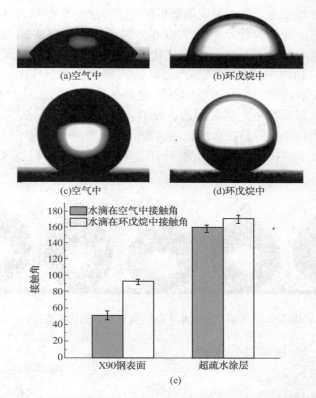

图 5-18　水滴在 X90 钢表面及超疏水涂层表面的润湿形态及接触角

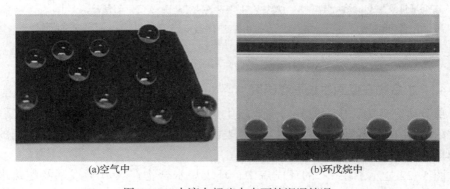

图 5-19　水滴在超疏水表面的润湿情况

心；而后将水滴缓慢向上提起，可以看出水滴在超疏水表面很容易脱离，在向上位移的过程中，液滴出现了一定程度的拉伸，针头正下方的液滴轮廓有轻微的"缩颈"行为，这说明了液滴与超疏水表面有了轻微的黏附力，但液滴一直没有发生断裂；液滴与超疏水表面脱离接触后恢复了原来的悬挂状态。液滴与超疏水表面脱离接触前出现的拉伸及"瓶颈"现象，其原因是在仅受重力影响的情况下水滴在疏水表面的润湿为 Cassie-Baxter 状态［见图 5-21（a）］，此时液滴仅仅与微结构的"花朵"顶端相接触，"花朵"之间的空隙仍然为空气；而当水滴受到顶部压力时，由于液滴的底部浸入了"花朵"之间的空隙［见图 5-21（c）］，液滴上行时仍与超疏水表面有一定的黏附力，使其出现了拉伸和"缩颈"行为。尽管出现了一定的黏附行为，但是在水滴脱离接触后超疏水表面未观察到任何残留的水分。因此，即使水滴在超疏水表面受到挤压，该超疏水涂层仍表现出优异的疏水能力。

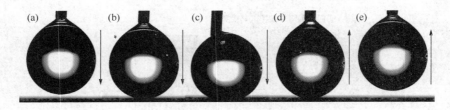

图 5-20　水滴在超疏水表面的接触、挤压及脱离过程

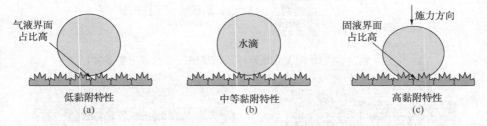

图 5-21　受力对水滴润湿状态的影响

4. 水合物在壁面生长形态研究

部分研究认为，水合物在管壁成核生长以及自由水等因素都对水合物在管壁的黏附力存在显著的影响。此外，固体表面化学特性以及水合物与固体表面的接触角也决定着黏附力的大小。

图 5-22 显示了在 1℃的环戊烷中，环戊烷水合物在 X90 管线钢及超疏水表面的生长形态。在 X90 钢表面，水合物周围有一层薄薄的水膜沿着 X90 钢表面向外铺展。正因为如此，随着水合物与管线钢表面的接触面积不断增大，势必加重水合物沉积趋势及堵塞风险。而在超疏水表面，水合物生成之前水滴呈现几乎完美的球形，极易滚动，液滴与超疏水表面的接触面积很小；当水滴转变为水合

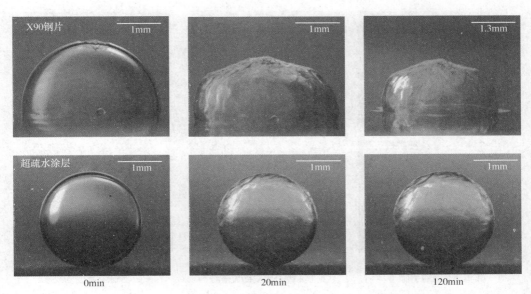

图 5-22　1℃条件下，环戊烷中水合物颗粒在 X90 钢片及超疏水涂层上的生长形态

物时，水合物仍然维持了球形的状态，水合物与超疏水涂层之间的接触面积非常小。在 2017 年 Farnham[11]等学者发表的文章中，将石英片用烷基氯硅烷修饰，得到了超疏水涂层，而环戊烷水合物在石英表面及超疏水石英表面的生长形态与本次研究观察到的现象极为类似。

5. 水合物在壁面黏附力测试

图 5-23 显示的是在 1℃环戊烷中测试环戊烷水合物在 X90 钢片[见图 5-23(a)]及超疏水表面[见图 5-23(b)]的黏附力的过程。在每组水合物黏附力测试实验中，由一根玻璃纤维来拨动生长在固体表面的水合物颗粒。由图可见，水合物在 X90 管线钢表面呈半球形，接触面积比较大，在施加的推力达到 0.0016N 时水合物破裂，玻璃纤维从水合物颗粒中间贯穿而过，大部分水合物颗粒依旧牢牢黏附在钢片表面。在这种情况下，水合物沉积很难被去除。相反，在超疏水表面，水合物颗粒呈球形，在玻璃纤维施加的推力达到 0.00013N 时水合物从超疏水表面脱落，相比钢片表面，只有少量的水合物残渣留在了疏水涂层表面。该结果表明，超疏水涂层具有一定的缓解水合物沉积的作用，在管道内流体剪切作用强时，水滴或生长期的水合物很容易被流体冲走，从而达到降低水合物堵塞风险的作用。

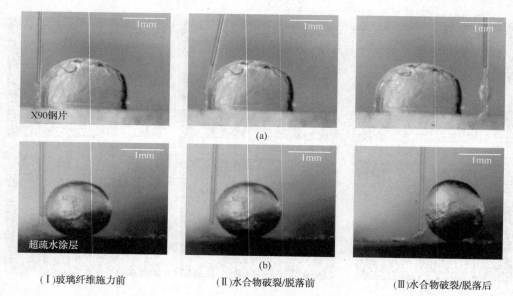

(a)

(b)

（Ⅰ）玻璃纤维施力前　　　　　（Ⅱ）水合物破裂/脱落前　　　　　（Ⅲ）水合物破裂/脱落后

图 5-23　1℃环戊烷中，水合物在 X90 钢片及超疏水涂层表面的黏附力测试

5.4　本章小结

　　本章节研究了水合物颗粒在壁面的沉积生长行为，考察了防聚剂、壁面润湿性等因素对水合物壁面黏附力及沉积生长过程的影响。

　　防聚剂中 AA 降低水合物壁面黏附力的能力最强；DBSA 降低水合物壁面黏附力的能力较差；Span 80 分子具有较强的降低水合物壁面黏附力的能力。

　　不含化学剂时，1℃条件下，晶种在液滴表面迅速诱导水合物生成，水合物由液滴顶端沿着液滴表面（油水界面）向下延伸生长，形成水合物壳。自由水由原液滴底部沿着钢片壁面铺展，增大了水合物与壁面接触面积。4℃条件下，晶种不能迅速诱导水合物生长，晶种沿着液滴表面滑落到液滴底部，水合物由液滴底部沿着液滴表面（油水界面）向上延伸生长，形成水合物壳，未观察到自由水外溢或水合物沿壁面铺展生长。

　　当体系中含有 AA 时，1℃条件下，水合物均液滴底部沿着液滴表面（油水界面）向上延伸生长，并形成水合物壳，水合物壳的生长速率较慢，表明 AA 对水合物生长有抑制作用。低浓度的 AA（0.04%）引起水合物壳内自由水外溢，加速水合物生长，最终导致水合物在壁面铺展，呈现蓬松状团簇。当 AA 浓度高于0.08%时，水合物壳在壁面呈"竹笋"状垂直于壁面生长。一个可能的原因是：

AA 分子在水合物及钢片表面的吸附保护层，阻止了自由水的外溢，水合物壳的增厚使得内部自由水受压迫并将水合物壳顶起，自由水在水合物壳下方与自由水重新接触，引起水合物的拔高式生长。4℃条件下，水合物在壁面呈现双峰状拔高式生长，最终形成疏松的水合物空壳。

用电沉积、水热氧化以及硬脂酸表面修饰法在 X90 钢片表面成功制备了超疏水涂层，在空气中其与水的接触角达到了 160°±3.1°，滚动角为 5.7°；在环戊烷中其与水的接触角达到了 170.7°±2.5°，滚动角为 2.4°，表现出了优异的疏水特性；在环戊烷（1℃）中，超疏水涂层表面生长的水合物呈现圆球状，极大缩小了水合物与壁面的接触面积，也显著降低了水合物的壁面黏附力。

参 考 文 献

[1] Sun M，Firoozabadi A. New surfactant for hydrate anti-agglomeration in hydrocarbon flowlines and seabed oil capture[J]. Journal of Colloid and Interface Science，2013，402：312-319.

[2] 田晋林. 油气管道水合物壁面生长沉积机制研究[D]. 青岛：中国石油大学（华东），2018.

[3] Aman Z M. Interfacial phenomena of cyclopentane hydrate[D]. Golden：Colorado School of Mines，2012.

[4] Brown E P，Study of hydrate cohesion，adhesion and interfacial properties using micromechanical force measurements[D]. Golden：Colorado School of Mines，2016.

[5] Qin F，Li S，Qin P，et al. A PDMS membrane with high pervaporation performance for the separation of furfural and its potential in industrial application[J]. Green Chemistry，2014，16（3）：1262-1273.

[6] Karanjkar P U，Lee J W，Morris J. F. Surfactant effects on hydrate crystallization at the water-oil interface：Hollow-conical crystals[J]. Crystal Growth & Design，2012，12（8）：3817-3824.

[7] Emsley J. Very strong hydrogen bonding[J]，Chemical Society Reviews，1980，9（1）：91-124.

[8] Radwan A B，Sliem M H，Okonkwo P C，et al，Corrosion inhibition of API X120 steel in a highly aggressive medium using stearamidopropyl dimethylamine[J]. Journal of Molecular Liquids，2017，236：220-231.

[9] Migahed M A，Attia A A，Habib R E，Study on the efficiency of some amine derivatives as corrosion and scale inhibitors in cooling water systems[J]. RSC Advances，2015，5（71）：57254-57262.

[10] Kelland M A. Production chemicals for the oil and gas industry[M]. Boca Raton：CRC Press，2009.

[11] Das A，Farnham T A，Subramanyam S B，et al. Designing ultra-low hydrate adhesion surfaces

by interfacial spreading of water – immiscible barrier films [J]. ACS Applied Materials & Interfaces, 2017, 9(25): 21496–21502.

[12] Farnham T A. Hydrate formation and adhesion on low surface energy materials[D]. Cambridge: Massachusetts Institute of Technology, 2016.

[13] Sakemoto R, Sakemoto H, Shiraiwa K, et al. Clathrate hydrate crystal growth at the seawater/ hydrophobic – guest – liquid interface [J]. Crystal Growth & Design, 2010, 10 (3): 1296–1300.

[14] Sojoudi H, Arabnejad H, Raiyan A, et al. Scalable and durable polymeric icephobic and hydrate–phobic coatings[J]. Soft Matter, 2018, 14(18): 3425–3654.

[15] Li H, Yu S, Han X. Fabrication of CuO hierarchical flower–like structures with biomimetic superamphiphobic, self–cleaning and corrosion resistance prperties[J]. Chemical Engineering Journal, 2016, 283: 1443–1454.

[16] Zhang Y, Li W, Ma F, et al. Optimum conditions for fabricating superhydrophobic surface on copper plates via controlled surface oxidation and dehydration process [J]. Applied Surface Science, 2013, 280: 898–902.

[17] Barthlott W, Neinhuis C. Purity of the sacred lotus, or escape from contamination in biological surfaces[J]. Planta, 1997, 202(1): 1–8.

[18] Guo Z, Liu W, Su B. A stable lotus–leaf–like water–repellent copper[J]. Applied Physics Letters, 2008, 92(6): 1–3.

[19] Feng X, Feng L, Jin M, et al. Reversible super – hydrophobicity to super – hydrophilicity transition of aligned ZnO nanorod films[J]. Journal of the American Chemical Society, 2004, 126(1): 62–63.